奥数，
我的孩子要不要学？

——写给困惑中的家长

葛　颢　葛云保　著

华东师范大学出版社

目 录

自序 / 1

一、 引子 / 1

奥数为什么这么热？又为什么有那么多反对的声音？背后的原因值得深究。

二、 什么是奥数 / 5

要不要学奥数，首先得弄清楚什么是奥数，否则就太盲目了。

三、 学奥数有没有用 / 21

有人说有用，有人说有害，似乎都有道理，但是，有用是由奥数自身的特点决定的，而有害则是由其他原因造成的。

四、 谁是奥数热的推手 / 37

奥数如此高热，背后肯定有推手，谁会是最后面的推手呢？这个推手的力量为什么这么强大？

五、 家长的心愿 / 55

作为家长，必须读懂自己的内心，你希望你的孩子将来过怎么样的生活？有什么样的人生？你的期望决定你的选择。

六、 如何评价学生 / 65

要做评价就一定要有标准，我们有什么样的标准呢？科学还是片面？为什么一些公认的好的评价标准却无法执行呢？

七、 过度竞争的后果 / 79

过度的竞争，使得很多好的设想无法推行，好的政策无法落实，许多严重的问题不仅无法解决，甚至不断加剧。

八、 给家长的几点建议 / 109

看完前面的内容，再听听我们的建议，也许你会更理性一点。

九、 我们的选择——代后记 / 115

二十多年前，我们也同样遇到"要不要学奥数"的问题，我们有自己的选择，作为个案，提供给家长朋友参考。

这是一本写给小学生和初中生的家长的书。在现如今我国大大小小的城市里，几乎每一位小学生、初中生的家长都会遇到这样一个问题：要不要让自己的孩子学奥数？很多家长的选择是盲目的，他们还不清楚什么是奥数？学奥数究竟有什么用？为什么奥数会这么热？这么火？当他们带着孩子跟着潮流往前跑的时候，甚至还没有来得及清楚地读懂自己的内心。

我希望我们的这本书，能够给家长一定的帮助，弄明白这其中的许多个为什么，能够理性地对待孩子学奥数；我们也希望这本书能给教育主管部门一个参考，找准病根，对症下药。

我与奥数的渊源要追溯到小学四年级之后的那个暑假，1992年夏，我的父母从电视报中发现中央电视台开办了小学数学竞赛的系列辅导讲座节目，他们知道我对数学有浓厚的兴趣，就鼓励我并陪同我一起看讲座，而后一起讨论研究思考题。新学期开学，我参加了学校组织的课外数学兴趣小组。当时市面上的参考书很少，内容也不丰富，仅有的几本，数学老师当宝贝一样收着呢。我有幸得到了两本，记得自己那段时间每天晚上都很主动地学习这些书本上的例题，并把所有习题都做了一遍。在后来的一次全市小学数学竞赛中，我获得了很不错的成绩，使得自己对奥数的兴趣与信心倍增。

上了初中、高中以后，由于升学的压力，我参加数学方面的培训与竞赛少了，虽说也拿到过一些名次，但总体来讲我的成绩仅属于中上等，不是特别优秀。但这并不影响我对优美数学的喜爱，高中毕业时，我毫不犹豫地报考了北京大学数学科学学院。

进入北大以后，我的身边是一群优秀的数学尖子生，有许多都是国内高中数学竞赛中的佼佼者，其中还有国际数学奥林匹克的金牌得主，和他们共同学习和生活的经历是很愉快的。许多年过去了，有一些同学已经在国际数学的最前沿崭露头角，其中有四位已经是美国第一流大学数学系的年轻教授，国际数学界冉冉升起的新星。回忆起当年的奥数经历，他们也都是赞誉有加。

在北大读本科和研究生期间，出于社会实践与经济方面的考虑，我利用业余时间，先后在人大附中的华罗庚数学学校以及其他校外教育培训机构从事小学的奥数教学，结识了很多老师、学生及家长，自然也就接触到各方对奥数的评价，也十分关注媒体上对"奥数热"的分析。

现今，我已在北大任教，也参与数学科学学院的本科招生工作，那些在高中数学竞赛中获得好名次的学生，往往是我们很关注的对象。多年来的数据表明，他们在本科的表现往往也是非常好的。

我的父亲是一位土木工程师，在学生时代也是一位数学爱好者。不过后来，由于"文革"的影响（他自己所说），他似乎更关注社会与教育。我们会经常在一起讨论奥数、讨论教育，对报纸和网络上的观点交换看法，还先后在各自的博客上发表了一些与此有关的文章。十年前，我就在自己的博客上写了一篇《奥数之我见》，谈了我当时对于奥数和"奥数热"的种种看法，其中的一些观点还多次被别人引用。

两三年前，退休在家忙家务的父亲提议，要把我们的观点整合成一本书，希望能更全面更细致地论述"全民奥数"这一现象。去年，他在完成了天文科普书《谁见过地球绕着太阳转》以后，开始动笔写这本书，几经讨论与修改，现在总算写好了。一家之言，缺点错误在所难免，欢迎大家批评指正。

在此，我们非常感谢华东师范大学出版社的倪明老师、孔令志老师所提的宝贵意见，以及为本书的编辑出版所付出的精力。

葛 颢

2016 年初 于北京大学燕园

一、引子

  奥数为什么这么热？又为什么有那么多反对的声音？背后的原因值得深究。

2014 年 7 月 27 日新华网刊文，《暑期奥数仍疯狂 十余年禁令"打水漂"?》文中说："幼儿参加奥数培训，家长凌晨排队报名，每天补习近 7 小时……暑期过半，记者走访北京、上海等城市发现，奥数补习如火如荼，渐成'第三学期'。一边是十多年来相关部门和地方三令五申'禁奥'，一边是越禁越火的现实。"

2014 年 7 月 30 日人民日报第 12 版刊登《奥数班 仍很火》（如图 1-1），其中说道："7 月初，上海杨浦区一家著名教育机构的暑秋季奥数班接受报名。早上 8 点，已有上百位家长排队，为了报上明星老师的班，有的家长凌晨三四点就来排队。""与上海的情形一样，记者 29 日走访了北京市几家知名的教育培训机构，它们的奥数班，或者改换名目的各类'数学思维班'的人气都很旺。"

图 1-1

在中国大大小小的城市中，在近二十多年的时间里，但凡家里有过读书的孩子的，几乎无人不知奥数。城市里的小学生、初中生大规模地学习奥数，是当今中国一大特色，被称之为"全民奥数"，可见奥数是多么"受人欢迎"。但是，从教育主管部门到各种媒体，以及许多名人都不断地炮轰奥数，口口声声"封杀奥数"，而参加学习的大多数学生也是怨声载道，他们的家长更是叫苦不迭，可见大家又是多么地憎恨奥数。

一种行为被全社会反对，按理说它早就应该消失了，可是奥数班依旧在全国遍地开花，红红火火。更吊诡的是，媒体不止一次报道过，当一些执法人员去查禁奥数班，"解救"学生时，竟然遭到学生和家长的强烈反对。

这是怎么啦？

不要以为中国从来都是如此，二十多年前，很多小学、初中学校都有一些兴趣小组，其中包括数学兴趣小组，那是学生依据自己的兴趣自主报名参加的。除了艺术类的兴趣小组可能要自带或自己掏钱集体购买乐器之外，其他小组不用交什么费用，甚至压根儿就没人想到这还要额外收费，组织课余兴趣小组原本就是学校的基本工作之一。

在小学、初中的数学兴趣小组里，自然要讲一些趣味数学，介绍一些难度高于一般课堂上的数学题。通过这样的学习，这些学生钻研数学的兴趣更加浓厚，数学成绩也大幅提高。同样，那些作文、英语、棋类、歌唱、舞蹈、篮球、足球等等兴趣小组的学生，都会有类似的收获。这正是举办各类学习兴趣小组的目的。

然而一切都在这二十多年里发生了极大的变化，尤其是数学兴趣小组演变为今天的奥数班，到了几乎无人不学的地步，而且至少到目前为止，我们还看不到奥数班有衰败的迹象。这是为什么？

作为学生的家长，对此困惑不已，到底该不该让自己的孩子去上奥数培训班？有人对他们说学奥数有好处，有人却说没用；有人劝他们千万不能让孩子输在起跑线上，有人却劝他们不要"从众"，不要"对孩子有不切实际的要求"；有人说孩子童年、少年的快乐很重要，有人却说给孩子一个快乐的童年、少年，孩子就不会有快乐的成年……怎么办呢？很多家长几乎完全失去判断能力了。

那么，奥数究竟要不要学呢？我想，我们应该先认识清楚我们所处的社会大背景，了解我们的教育环境，弄明白奥数为什么这么热，然后再来思考究竟要不要学的问题。

二、什么是奥数

　　要不要学奥数，首先得弄清楚什么是奥数，否则就太盲目了。

让我们先说说什么是奥数吧。奥数就是奥林匹克数学的简称，那么数学是怎么和奥林匹克挂上钩的呢？这要从数学竞赛说起了。

自古以来就有解数学难题的比赛：两人或数人同时解一道题，谁先做出来就是谁胜；或者互相出题，看谁能答出对方的题。

类似今日的数学竞赛模式是从匈牙利开始的。一百多年前，1894年，为纪念数理学会主席埃沃斯（Eotvos）担任教育部长，匈牙利举行了以埃沃斯的名字命名的中学生数学竞赛。受到匈牙利的影响，数学竞赛在东欧各国相继开展。

在苏联，1934年的列宁格勒，1935年的莫斯科，分别组织了地区性的数学竞赛，并称之为"中学数学奥林匹克"，认为数学是"思维的体操"，数学竞赛与体育竞赛有着许多相似之处，有很强的竞技性，都崇尚奥林匹克精神，从此这类数学竞赛就有了"数学奥林匹克"这个名称。

在美国，1938年开始举办低年级大学生的普特南数学竞赛，很多题目是中学数学范围内的；普特南竞赛中成绩排在前五位的人，就可以成为普特南会员（Putnam Fellow）。

1956年，罗马尼亚的罗曼（Roman）教授倡议举办国际数学奥林匹克（IMO），得到了许多国家的响应。1959年7月，在罗马尼亚古都布拉索举行了第一届国际数学奥林匹克，当时参加竞赛的学生分别来自罗马尼亚、保加利亚、匈牙利、波兰、捷克斯洛伐克、德意志民主共和国和苏联等7个国家。

1965年芬兰加入，接着法国、英国、意大利、瑞典、荷兰等也都在20世纪60年代陆续加入。

1972年，为准备国际数学奥林匹克，美国举办了数学奥林匹克，最终选拔出来的国家队队员在西点军校等地进行集训。

此后，参加国逐年增加，并遍布欧、美、亚、非及大洋洲，成为名副其实的全球性的数学大赛。

国际数学奥林匹克为发现数学人才做出了贡献。许多国际数学奥林匹克优胜者后来成了杰出的数学家，例如获得菲尔兹奖的澳大利亚的华裔数学家陶哲轩（Terence Tao）、越南数学家吴宝珠（Bao Chau Ngo）、英国的高尔斯（Timothy Gowers）、俄罗斯的佩雷尔曼（Grigori Perelman）等等，他们都曾是国际数学奥林匹克的金牌得主。美国航天之父冯·卡门在《航空航天时代的科学奇才》一书中指出："根据我所知，目前在国外的匈牙利著名科学家当中，有一半以上都是数学竞赛的优胜者，在美国的匈牙利科学家，如爱德华、泰勒、列夫·西拉得、G·波利亚、冯·诺伊曼等几乎都是数学竞赛的优胜者。"①

我国国内的数学竞赛是从1956年开始的，在华罗庚、苏步青、江泽涵等老一辈数学家的倡导下，北京、上海、天津、武汉等城市分别举行了中学生数学竞赛。在北京竞赛前夕，华罗庚、吴文俊、段学复、闵嗣鹤、王寿仁、越民义、龚昇等数学家或者亲自给中学生做专题讲座，或者直接参与竞赛命题工作，为数学竞赛做了很多具体的事情。1978年夏，在华罗庚先生的主持下，教育部、中国科协、团中央共同举办了首届全国八省市中学数学竞赛，由北京、上海、天津、辽宁、湖北、陕西、安徽、广东八省市组织代表队参加。1979年，我国大陆的29个省、市、自治区全部都举办了中学数学竞赛。

1980年，在大连召开的第一届全国数学普及工作会议上，确定将数学竞赛作为中国数学会及各省、市、自治区数学会的一项经常性工作。同时明确了数学竞赛的目的：（1）提高学生学习数学的兴趣。作

① 朱华伟. 试论数学奥林匹克的教育价值. 数学教育学报，2007-05.

为课外活动的数学竞赛，应培养孩子的兴趣。（2）促进数学教育改革，为探索数学教育改革提供参考。（3）发现和培养人才。通过学生在比赛中表现出来的才能和数学学习潜力，挖掘继续培养的空间。（4）为参加国际竞赛做准备。1981年中国数学会普及工作委员会举办了全国高中数学联赛，1985年开始举办全国初中数学联赛。

1984年，在宁波召开的中国数学会首次普及工作会议上，确定1985年派两名选手参加第26届国际数学奥林匹克，以了解情况、取得经验。1986年起，我国每届都会派6名选手参赛。

1986年开始举办"华罗庚金杯少年数学邀请赛"；1991年开始举办全国小学数学联赛。[①]

到这时候，我们所说的奥林匹克数学竞赛已经不再是专指"国际数学奥林匹克"竞赛，而是泛指各种规模的数学竞赛，简称为"奥赛"。这类竞赛所涉及的数学内容，渐渐有了一个简称："奥数"（最初也有叫"数奥"的，但多数还是叫"奥数"）。

这些数学竞赛，不同于一般数学课堂上的考试，简单地说，它的试题比一般数学课堂上的考试题更灵活、更多样化、更有趣味，难度自然也就更高，而且大多数都有很巧妙的解法。为了能解答这类竞赛题，需要进行专门的学习与训练，于是各种"奥数培训班"也就应运而生。

1992年暑假，中央电视台开办了小学数学竞赛讲座节目。

1994年，中国数学会普及工作委员会制定了《初中数学竞赛大纲》和《高中数学竞赛大纲》。

奥数并不是数学的一个分类，奥数依然是数学，在中小学的各类

---

① 有关奥数竞赛的历史，参见：数学奥林匹克之路——我愿意做的事. 裘宗沪. 中等数学，2008（4）；历史与现实——中国奥数现象的背后. 熊斌，葛之. 中华读书报，2005-04-27（15）.

数学竞赛题中，所涉及的绝大部分都还是平时数学课堂上所教的知识，其间并没有很明确的定义与界线。但是奥数又明显有别于普通的数学，两者区别在哪儿呢？我们可以大致地描述一下。

第一，奥数在我国曾经被称为"趣味数学"，因为奥数题中，尤其是在小学奥数题中，许多都带有很强的趣味性和游戏性。这类奥数题，题面看似简单，几乎人人都能看明白；题意生动有趣，但很有迷惑性；求解的方法很多，绝大多数人只会用笨办法做，麻烦、费时，而正确快捷的解答方法往往简单巧妙。

例1 如图2-1，甲、乙两人同时从两地出发，相向而行，两地距离是11千米。甲每小时走6千米，乙每小时走5千米，甲带着一条小狗，狗每小时跑12千米。这只狗同时同甲一起出发，当它碰到乙后便转回头跑向甲；碰到甲又掉头跑向乙……如此下去，直到甲、乙两人相遇。问：小狗一共跑了多少千米？

图2-1

这也是小学数学里的行程问题，凡学过行程问题的人都能看懂题意。中央电视台曾经有一档节目专门讨论奥数问题，其间主持人就举出这个例题，他的本意是想通过这个例题来说明奥数题是多么荒诞和不可思议。

确实有些不可思议，想想看，这狗得来回跑多少趟呀！按常规，我们应该一趟一趟地进行计算，先计算狗第一次和乙碰面的时间和位置，然后再计算狗回头和甲碰面的时间和位置，循此往下，直至甲、乙碰面，将狗跑的各段路程相加，得出结果。这将是非常复杂的计算过程，没有学过奥数的人基本就傻眼了。据说这还是一位外国朋友当年给苏步青教授做的题目，敢用来考大数学家，可见这道题该有多难，现在竟用如此难题考小学生，又该是多么荒诞。

其实这道题非常简单，完全在学生所学知识的范围内。甲、乙两人和狗在这个过程中所花的时间是完全一样的，只要先计算出甲、乙两人从出发到碰面所花的时间就行，而这对于学过行程问题的小学生来说是很简单的，甲、乙两人步行 1 小时就会相遇。已知了狗的速度，再求得狗所花的时间，那么狗跑的路程不就可以很简单地计算出来了吗？很快就能算出狗跑了 12 千米。

没见过这类题目的孩子，一开始肯定不会做，但一经讲解，就恍然大悟："唉，我怎么没想到！"这是一道典型的奥数题，起初的"难"与后来的"易"对比强烈，真是很奇妙，很有趣。这个题目考查的就是能否很快抓住问题的实质，将学过的知识灵活运用。

例2 甲、乙两人进行如下的游戏：取一块大巧克力，上面有5条横线、9条竖线，这些线将巧克力隔成60个小格（见图2-2）。甲先沿一条线将巧克力掰成两块（两块不一定相等），吃掉一块。乙再沿一条直线将剩下的巧克力掰成两块，吃掉一块。这样继续下去，两人轮流掰吃这块巧克力，谁吃最后一格的算负。问：甲、乙两人谁有百战百胜的策略？

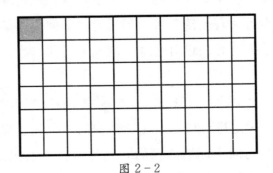

图 2-2

这个游戏看上去很简单，有点像下棋，甲走一步，乙走一步，最后一格谁吃谁输。初次见到这种奥数题的人一般都会这样想：甲应该怎么掰呢？掰掉一条 1×10 的？还是掰掉一条 1×6 的？或者掰掉两条，即 2×10 的……这就有好多种掰法。甲掰过以后，乙该怎么掰呢？对应甲的每一种掰法，乙都有好多种可能的应对，如果逐个分析，数量就大了。乙掰过以后，对应乙的每一种掰法，甲又有好多种可能的应对……用这种方法找出某一方百战百胜的策略，可想而知困难很大。

有没有更好的方法呢？有！我们可以从后往前反推，因为是甲方先掰，我们就先站在甲方考虑。为了取胜，甲方最后一步就是要将剩下的最后一格交给乙方，那么在甲方的倒数第二步，应该将什么样的巧克力交给乙方来确保自己获胜呢？将 1×2 或 1×3……1×10 的巧克力交给乙方？这显然不行，这样乙方就很容易将最后一块留给甲方。那么将 2×2 的巧克力给乙方怎么样？可以！乙方拿到 2×2 的巧克力，无论横着掰还是竖着掰都只能将 1×2 的巧克力返还给甲方，甲方就能最后取胜。我们继续往下分析，那么在甲方的倒数第三步，应该将什么样的巧克力交给乙方来确保之后可以将 2×2 的巧克力给乙方呢？将 2×3 或 2×4……的巧克力给乙方行吗？不行，那样乙方就可以将 2×2 的巧克力返还给甲方，甲方就赢不了了。那就考虑 3×3 的吧，这也行！乙方拿到 3×3 的巧克力，无论怎么掰都逃不出输的结果。如果是 3×4 或 3×5……呢？那都不行，那样乙方就可以将巧克力掰成 3×3 返还给甲方。好，再往下分析，我们就会发现，乙方拿到 4×4 的巧克力也就输定了。

规律已经慢慢出来，只要甲方将巧克力掰成正方形交给乙方，甲方就肯定能胜。那么甲方可以每次都把正方形留给乙方吗？答案是可以，因为原始的巧克力是长方形的。所以本题中甲方有百战百胜的策略。但是如果原始的巧克力就是正方形的呢？这时乙方就可以做到每次都把正方形巧克力留给甲方，因此在这种情况下就轮到乙方有百战百胜的策略了。

总结一下，一块长方形的巧克力，谁先掰谁就有百战百胜的策略，而假如是一块正方形的巧克力，谁后掰谁就有百战百胜的策略。

做这样的奥数题，我们不只是学到一个游戏的取胜技巧，更重要的是学会如何分析问题、解决问题，同时也利于提高学生学习数学的兴趣。

趣味性强是小学阶段奥数的显著特点。

第二，数学的范围是极其广泛的，世界上最权威的分类法大概把数学分成了几十个大类，一百多个小类。从小学高年级的一元一次方程开始算起，一直到高中毕业，在七八年的时间里，我们所涉及的数学类别也就是平面几何、三角函数、线性方程（组）、解析几何、立体几何、集合论、不等式、数列等等。作为数学教育，当然应该以这些内容为主，因为它们是数学的核心方法和领域，但是这些内容就连初等数学的范畴也没有完全覆盖。

奥数中有我们平常数学课上所不讲、也没有时间去讲的一些数学分支的基础内容，比如图论、组合数学、数论等等，还有很重要的数学思想，比如构造思想、特殊化思想、化归思想等等。这些领域的基本方法和简单应用是不需要专门的数学工具的，其中所使用的数学方法和思路是平时课堂教学中较少涉及的，对于学有余力的学生来说，涉猎这类知识，有利于培养他们对数学的兴趣，拓展他们的思维，增强思维的条理性，它们是对课堂教学的补充与扩展。

在奥数里面，特别是小学中低年级奥数中，还有很多内容是来自中国古代数学专著的方法和思想，比如"盈亏问题"，比如"鸡兔同笼"（图2-3）；还有如小学高年级或中学奥数中要介绍的"中国剩

图2-3

余定理"等等。其中凝聚了中国古代数学家的超凡智慧，并且与西方的数学方程思想很不一样，独辟蹊径，自成一派，这也是中华优秀文化遗产的一部分。但这些内容在常规的数学教学中也很少讲解。

例3 如图a，十八世纪初普鲁士的哥尼斯堡，有一条河从城堡内穿过，河上有两个小岛（A、D），有七座桥把两个岛与河岸连结起来。当时那里的人们热衷于这样一个话题：问一个散步者怎样能从这四块陆地（A、B、C、D）中任一块出发，一次走遍所有的七座桥，最后回到出发点，而又不重复走？这就是著名的"哥尼斯堡七桥问题"（见图a）。

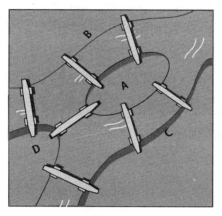

图 a

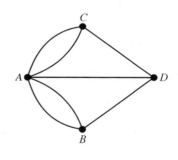

图 b

图 2-4

这个题目并不难理解，但要回答出来并且讲出令人信服的理由，可就难了。最笨的方法莫过于一次次试着走，据说那有数千种走法，而且就算你走了数千次，也未必能说服别人。在这个问题解决之前，那时的人们大概就是一次次试着走或在纸上一次次试着画的。

这一问题由当时在俄国皇家科学院工作的欧拉（Leonhard Euler，1707—1783）解决了。欧拉发现七桥问题仅仅涉及岸、岛和桥的位置关系，而与路程无关，于是他把"哥尼斯堡七桥问题"转化成一个数学问题，用点 A、D 表示岛屿，点 B、C 表示河的两岸，用连结两点的线表示桥（见图 b）。研究这个问题就成了研究一笔画的问题。一笔画问题中有两个名词：从一个点发出的线条是偶数的，此点称为偶点，是奇数的，称为奇点。

通过对许多图形的分析，可以得出以下结论：（1）凡是全部由偶点组成的连通图，一定可以一笔画成。起点和终点是同一个点。（2）凡是只有两个奇点的连通图（其余都为偶点），一定可以一笔画成。画时必须以一个奇点为起点，另一个奇点为终点。（3）其他情况的图都不能一笔画出。

回到"哥尼斯堡七桥问题"，图中四个点都是奇点，所以任何人都无法一次走过七座桥且不重复。对这个问题的思考，诞生了一门新的数学分支：图论。

解答这样的题目，有利于学生明白，有很多问题都是可以转化为数学问题来研究解决的。这种转化蕴含着数学家深刻的洞察力和归纳能力，欧拉就是这样一位伟大的数学家。

例4 有3户人家，男主人分别姓王、张、赵，女主人分别姓刘、李、朱，每家一个孩子，分别叫红红（女）、兰兰（女）、强强（男），已知：① 王爸爸和李妈妈各自的孩子是女孩；② 张爸爸的女儿不叫兰兰；③ 赵和朱不是一家。请问：哪些人是一家？

这是一道逻辑推理题，解题的方法就是要根据已知条件一步步推断出最终结果。

从条件②知道，张有个女儿，但不是兰兰，那么张的女儿就只能是红红。从条件①知道，王有一个女儿，那就只能是兰兰，所以赵的孩子就是男孩强强。把这些推断结果列一个表，既方便推断，也很直观。（见表1）

表 1

	红红	兰兰	强强
王	×	√	×
张	√	×	×
赵	×	×	√

根据条件①知道，李有一个女儿，而且和王不是一家，因此李的女儿叫红红，和张爸爸是一家。根据条件③知道，朱和赵不是一家，那么朱和王就是一家，女儿叫兰兰。剩下的就是赵和刘是一家，儿子叫强强。（见表2）

表 2

	刘	李	朱	
王	×	×	√	兰兰
张	×	√	×	红红
赵	√	×	×	强强

例3和例4这两个例题所研究的问题（当然还有很多其他问题），在常规的数学课堂教学中一般是没有时间讲的，对数学有兴趣的学生涉猎这些问题，能够扩大视野，拓展思维，它们是奥数的重要组成部分。

第三，这类考题普遍比较难。既然是为竞赛服务，当然应该有难度才行，它们是普通课堂内容的深化和提高，不同的试题有多种不同的视角，需要有较深入的分析才可解答，这类考题可以考查学生对于基础知识的掌握程度。我们来举一个例子：

例5 甲、乙两地之间有一条公路，李明从 A 地出发步行往 B 地，同时张平从 B 地出发骑摩托车往 A 地。40分钟后两人在途中相遇，张平到达 A 地后马上折回往 B 地，在第一次相遇后又经过 10 分钟张平在途中追上李明，张平到达 B 地后又马上折回往 A 地，这样一直下去，当李明到达 B 地时，张平追上李明的次数是多少？

这是小学数学中的行程问题，但显然很复杂，因为只知道一小段时间，而两地的距离是多少？两人的速度各是多少？这些都没有交代。难吗？很难，很迷惑人，得深入分析。怎样分析呢？如果我们画一个图就可以直观得多。图 2-5 中李明从 A 地到第一次相遇点 C 走了 40 分钟，从 C 走到第一次被张平骑摩托车追上的地点 D 走了 10 分钟，可见 A、C 两地的距离是 C、D 两地距离的 4 倍，而张平骑摩托车从第一次相遇点 C 到 A 地，再从 A 地返回后第一次追上李明，所骑行的距离就是两个 AC 的距离加一个 CD 的距离，即 9 个 CD 的距离，这也就是说，张平骑摩托车的速度是李明步行速度的 9 倍。进一步分析，李明从 A 地走到 B 地需要一定的时间（通过上述的条件，可以计算出时间是 400 分钟，不过该题不必计算出这个时间），在相同的时间里，张平就可以在 A、B 两地间骑行 9 次，其中 5 次与李明相遇，4 次追上李明。

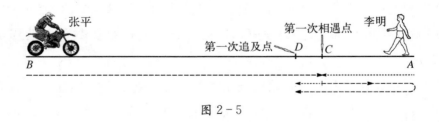

图 2-5

这个试题确实有点难度，但就其知识点来说，依旧是小学数学中的行程问题，并不需要用什么方程之类的办法来解决。

既然奥数是课堂数学的拓展，奥数竞赛是考查和选拔学生的重要手段，那么，"难"就是必然的，这种"难"，不是基础知识都还没完全搞懂的"难"，更不是因为还没有学过相关基础知识的"难"，而是虽然已经学过并搞懂了基础知识，但由于题目的巧妙、迷惑、曲折，使你很难发现很难想到的那种"难"。

现在我们可以大致地归纳一下：**奥数就是有趣味的数学、有较大难度的数学、有好方法解决的数学、用来竞赛选拔的数学。**

随着奥数热度的上升，在一些非正规出版社出版的教材中，在一些不具备奥数培训能力的老师的课堂上，难免会出现一些"假冒伪劣"的奥数题，需要大家加以区分。

首先，"脑筋急转弯"的试题不是奥数。例如，"北京大学本科读多少时间？"四年吗？不对，答案是"两秒"。有趣是很有趣，但这与奥数无关，把这种题放在数学试卷中，那是"逗你玩"。

其次，个别胡编乱造的"教材"和考题更不是奥数。例如，一道题目为：将 1 到 10 按"1，3，7，8；2，4，6；5，9；10"分成 4 组，请问是按什么来分的？学生一头雾水，家长也百思不得其解，而答案竟然是按汉语拼音的声调来分的。还有一些题目错误百出，所配的几何图形明显不合比例，甚至所给的直角三角形三条边的数字竟然违背了勾股定理！甚至还有些考题根本就无解……这都属于胡编乱造，与奥数毫不相干。

个别胡编乱造的"教材"和考题不是奥数，这本来是不言自明的，不过常常有人用这些类型的题来非议奥数，例如 2009 年央视《实话实说》的一期节目中，有学者问奥数老师："十一个苹果三个孩子分，每一个人都要拿双数，怎么分？"老师想了一会儿，有点尴尬地说："此题无解。"众人一阵哄笑，那潜台词就是："你看，奥数学的都是什么玩意儿！"这样的批驳是不严肃的，这些只能说明奥数的培训学习及考试中存在严重乱象，丝毫也不能证明奥数本身有错，就如同不能拿被污染了的牛奶来论证牛奶有毒一样。

比较有争议和容易混淆的是所谓的"超前内容"。一般来说，过于超前的数学内容不属于奥数，尤其是小学阶段，不能说五年级的课堂数学就是四年级的奥数，六年级的课堂数学就是五年级的奥数。我们甚至看到，有些所谓的小学奥数竞赛题必须要用到初中的数学知识才能解答，而对于具备了初中数学知识的学生来讲，那些题目其实很简单，既不巧妙，也没有更为直观的解题方法，那些都不能称为奥数。**奥数是课堂数学的扩展及适当延伸，主要是横向的扩展，也有少量纵向的延伸，但纵向的延伸必须是适当的、有限的，是那个年龄段里学有余力的学生可以接受和理解的。**

比如在诸多小学奥数的教材中，三、四年级的奥数题中普遍都有可以用一元一次方程来轻松解决的问题，甚至有看起来要用二元一次方程组来解决的问题，我们知道，小学生在五年级左右才会学习一元一次方程，到了六年级甚至初中才会学习到二元一次方程组的知识，那么这些还应不应该属于奥数的内容呢？其实，在比较优秀的奥数教材中出现的这类题目通常并不是用超前的方程方法来解决的，而是通过另外的不那么抽象的方法，比如画线段图等直观方法来分析解决的，是为了让学生在解题中提高思维能力，而不仅仅是为了得到这些题目的答案，这正是奥数的特色之一。如果单纯只是为了得到答案而让小学三四年级的学生提前学习方程，那么这样的数学题及其教学方法都不属于奥数，这样的超前教学只会打击学生的学习积极性。

奥数教育，尤其是小学的奥数教育，并不提倡"提前学"，因为：（1）那些知识到时间老师就会教，"提前学"是一种重复学，总体看是一种浪费。（2）教育专家编制的教学大纲是根据知识的连贯性及先后顺序，根据大多数学生在不同年龄段所能接受和理解的程度来安排的，"提前学"违背了教学的规律，拔苗助长，容易对学生造成伤害。（3）即使有部分"提前学"的知识相对独立而不是连贯的，是低年龄段的学生也能接受理解的，但要知道，教学大纲也是根据学生能够投入的合理时间来安排的，"提前学"无疑挤占了学生合理的支出时间，牺牲了学生其他方面的学习和锻炼。

总体来讲，"提前学"、"提前考"违反了教育的客观规律，它们不属于奥数。

上述的这些"假冒伪劣"奥数的乱象，引发了很多对奥数本身的批评，但这恰恰是不对的，这些问题都不是出自奥数本身，都不是奥数的错。

有专家学者对奥数的概念作了重要补充，据说他们经过研究，只有 5％左右的学生——学有余力，对数学兴趣很浓且有数学天赋的学生——适合学习奥数，所以**奥数是只适合"少部分学有余力的学生"学习的数学**。

这个说法应该没错，奥数确实比较难，也需要投入更多的时间，少数学有余力的学生，因为他们理解能力强，学习的效率高，有多余的时间和精力可以投入奥数学习。但是我们认为有必要对专家学者的补充再补充一下：奥数的难度其实是有难有易、有深有浅的，需要投入的时间也是可多可少可以酌情掌握的，最适合的才是最好的。作为家长，应该请懂奥数的人帮助判断教材的难易，了解不同培训班的教学进度，然后根据自家孩子的情况，决定选学什么深度、什么进度的奥数。这就像体操运动，少数有天赋的孩子可以学吊环、鞍马、平衡木、高低杠等高难度运动，一般的孩子可以练习倒立、劈叉、简易的自由体操等等，"运动细胞"特别缺乏的孩子，学学广播体操，做做前滚翻后滚翻也是会有收益的。**奥数也是一样，所以从这个意义上讲，只要掌握得好，奥数也是适合相当一部分学生学习的数学。**

三、学奥数有没有用

有人说有用，有人说有害，似乎都有道理，但是，有用是由奥数自身的特点决定的，而有害则是由其他原因造成的。

1. 学奥数的好处

先说说学数学有什么用吧。没有人怀疑数学的实用价值，数学是人们生活、劳动和学习必不可少的工具，能够帮助人们处理数据，进行计算、推理和证明，数学模型可以有效地描述自然现象和社会现象。数学是自然科学的一门基础学科，许多自然科学，包括物理学、化学、生物学里面很多规律性的东西，实际上可以用数学来表达和推理。数学为其他科学提供了语言、思想和方法，其所培养的思维能力和逻辑能力几乎适用于所有专业。学好数学可以很有效地促进理化和计算机的学习，可以帮助人们更好地探求和理解客观世界的规律。

有个相声段子曾经拿数学题调侃，说一个大管道往水池里进水，另一个小管道将水池中水往外放，问要多少时间才能将水池灌满。演员嘲笑说，这样做不是有毛病吗？

还有更极端的："除了数钱，一辈子没有再用到数学。"

调侃完全可以，开玩笑也没关系，大家逗个乐，但要真这么认识可就大错特错了。就拿这个相声段子说吧，这类情况在实际生活中很常见，例如楼房屋顶的水箱就类同这个模型，城市自来水管道往水箱里注水，同时楼内人员在用水。在经济生活中也有这样的例子，偿还住房贷款，除了本金外，还要还不断产生的利息，而贷款人则不断地按时将钱汇给银行还贷，还贷的金额高于贷款产生的利息，到一定的时间，贷款就全部还完了。在小学奥数中，牛吃草问题也是这样的类型，草不断生长，牛每天在吃，如果草地大，或牛少，就吃不完；如果草地小，或牛多，则容易吃完。

数学不仅能解决生活、生产、军事和科研等领域的实际问题，还有一个重要的任务就是进行思维训练。在中外历史上，许多人不单是因为数学有用而研究数学，同时（甚至主要）是把数学作为一种自娱自乐的游戏，一种高级的心理追求和精神享受，许多数学思想是人们锲而不舍地思索一个令人迷惑的概念或问题的结果。

　　著名美籍匈牙利数学家波利亚在《怎样解题——数学思维的新方法》①（图 3-1）一书中说："在解答这道或那道不涉及物质利益的题目的愿望背后，也许有着一个更深切的好奇心，一个要求理解解答的各种途径和方法、动机和步骤的愿望。""你要解答的题目可能很平常，但是如果它激起你的好奇心，并使你的创造力发挥出来，而且如果你用自己的方法解决了它，那么你就能经历那种紧张状态，而且享受那种发现的喜悦。在一个易受外界影响的年龄

图 3-1

段，这样的经历可能会培养出对智力思考的爱好，并对思想和性格留下终生的影响。""要是他从未尝过树莓馅饼，他也就不可能知道自己会喜欢树莓馅饼。然而，他却有可能发现一道数学题目会如同一个纵横字谜游戏一样有趣，或者发现充满活力的思维练习就像一场激烈的网球比赛一样令人神往。在尝到了数学带来的乐趣以后，他就不会轻易地忘记，于是数学就很有机会成为他生活中的一部分：一种爱好，或者他专业工作中的一种工具，或者是他的职业，或者是一种崇高的抱负。"

---

①　G·波利亚. 怎样解题——数学思维的新方法. 涂泓，冯承天，译. 上海科技教育出版社，2011.

数学在提高人的计算能力（包括使用计算机进行计算的能力）、几何直观能力、逻辑推理能力、抽象思维能力、把实际问题转化为数学问题的能力、想象力和创造力等方面有着独特的作用，所以它还被称为"思维的体操"。

那么奥数的作用与普通课堂上讲解的数学的作用有什么不一样呢？从本质上讲，没有什么不一样。但是，由于奥数有较强的趣味性，奥数的难度也相对较大，所以，学奥数可以培养学生对数学的兴趣，扩大学生的眼界，打破很多学生极易养成的思维定势，培养学生从多个视角去分析问题和解决问题的能力。思维定势限制了一个人的思维广度，是学习数学以及其他学科的一大障碍。奥数的解题技巧多种多样，通过学习奥数，可以开拓我们的思路，获得更为开阔的解决问题的途径。

波利亚在《怎样解题——数学思维的新方法》一书中还说："用和学生的知识相称的题目来激起他们的好奇心，并用一些激励性的问题去帮助他们解答题目，那么他就能培养学生对独立思考的兴趣，并教给他们某些方法。""题目应该精心挑选，不能太难也不能太简单，要自然而且有趣味，并且有时应该可以自然而又有趣味地进行表述。""虽然在教授数学时可能需要一些常规题目，有时甚至需要许多常规题目，但是不让学生去做其他类型的题目是不可原谅的。"

做奥数题，常常会让学生在"我怎么没想到"的感叹声中不断加深对数学的认识，在不知不觉中取得进步。

奥数题的类型肯定多于普通课堂及课本上所教的类型，了解熟悉多种类型的题，也是一种"见多识广"。如果某种类型的题见都没见过，那么"举一反三"、"触类旁通"就无从谈起。

适当地进行有一定难度的训练，更有利于学生真正理解和掌握基本的数学知识与技能、数学的思想和方法，更有利于学生学好普通的课堂数学。

中国数学会普及工作委员会制定的 2006 版《高中数学竞赛大纲》中说："数学竞赛活动对于开发学生智力、开拓视野、促进教学改革、提高教学水平、发现和培养数学人才都有着积极的作用。这项活动也激励着广大青少年学习数学的兴趣，吸引他们去进行积极的探索，不断培养和提高他们的创造性思维能力。数学竞赛的教育功能显示出这项活动已成为中学数学教育的一个重要组成部分。"

因此可以说，奥数是中小学阶段的难度较高的"思维体操"。

当然，对于多数家长来说，这些说法他们未必都能够接受，奥数的这些重要作用太抽象，需要长期潜移默化才能有收效。许多家长把孩子送进奥数培训班，都是直奔学习成绩去的，他们认为，学习奥数可以提高数学成绩，提高考试的得分，利于进入重点学校。在分数与好学校如此重要的今天，这两大功能不可小视。

总体来说，家长们这样的想法没错，奥数也确有这样的功能，这道理是显而易见的：经过培训，连高低杠、吊环等高难度的体操都会了，要对付劈叉、下腰等体育考试，还不是轻而易举吗？经过培训，连奥数题都会做了，对付学校里的普通考试还有什么问题吗？

不过，正是在这个问题上，全社会有很大的争议，后面我们会详细地加以讨论。

说奥数有用的声音很多，但是，说学习奥数没用，反对让中小学生学习奥数的声音也很大，其中还包括一些著名的数学家。需要说明的是，批评学奥数与批评"全民奥数"是两个性质大不相同的问题，对于"全民奥数"，这已经远远超出数学的范畴，本书的后面会详细进行讨论分析，这儿只讨论批评学奥数的意见。

要批评学奥数，评论奥数的好与坏，大概要比较内行才行吧？千万不要自己没有做过奥数题，甚至根本不懂奥数，就因为自己是名人，是专家，是有影响的人物，就对奥数大肆批评，那其实是没有价值的，当然也不在我们的讨论范围。

下面我们讨论一些主要的来自数学家或内行的批评意见。

2. 反对学奥数的理由

(1) 出"奥数"题目的很少是一流的数学家。对于学生来说，解决非一流数学家出的问题，没什么特别了不起的。更严重的是，学生们习惯于解决别人出的问题，而不是自己发现问题，他们以后不会有很强的创新能力。

这些话对着数学专业的研究生讲也许比较合适，别说是对着中小学生，即使是对着本科生讲，都显得要求过高了，因为他们还没到可以解决"一流数学家出的问题"的时候，更没有到可以自己发现问题加以研究的时候。小学、中学的数学老师有几个是数学家呢？更别说一流的数学家了。小学、中学的数学课使用的教材大多也不是一流数学家编的，难道能说上这样的课没意义吗？学习是一步一步、一个台阶一个台阶前进的，一个小学生能做出一个本科毕业的数学老师出的数学难题，就是一件值得高兴的、很不容易的事，尽管还远远谈不上"特别了不起"。

至于国际数学奥林匹克的试题是不是一流的数学家出的，我们不是很清楚，就算不是也不奇怪，毕竟我们所说的国际数学奥林匹克，总体来讲也还是中学数学水平，有一流的数学家来参与那是最好不过了，如果没有，"二流的数学家"未必就不能胜任，作为一个中学生，能做出那些题目，不算"特别了不起"，也能算"了不起"了。

作为一个中小学生，在各门学科上主要都在"解决别人出的问题而不是自己发现问题"，是很正常的现象，这和年龄以及知识储备有关，或许还和教育传统、教育理念、教育方式有关，但和学不学奥数没有关系。

说到创新能力，那还真不是刻意培养出来的，古希腊哲人亚里士多德说过，科学起源于好奇、闲暇和自由。没有这样三个条件，天天喊创新也没用，这和学不学奥数也没多大关系。

（2）做这些小题目，怎么能出大数学家呢？"奥数"培养不出大数学家。

相对于数学家所研究的那些课题，奥数题，哪怕是国际数学奥林匹克试题也只能说是"小题目"，这没错。作为数学竞赛，就是要考生在规定的几小时或一两天时间内，正确完成考题，它讲究速度，讲究技巧，所以那只能是一些"小题目"。但是要做出这些"小题目"，需要有扎实的数学功底，需要对知识融会贯通、举一反三、灵活运用，要会多角度思考分析问题，而这些素质，正是日后研究数学"大题目"所必需的，同样也是研究其他科学难题，以及做其他领域的工作所需要具备的优良素质。

其实，国际数学奥林匹克的试题还真不是"小题目"，国际奥林匹克数学竞赛主席杰夫•史密斯说："奥数题目是参与国家和地区共同研究得出的，每年机构都会从参与者中收到130个问题，涉及代数、组合数学、数论、几何学等领域。""专家委员会会研究这些题目，加以优化，得出一个有30道题目的名单。评判委员会成员会从这些题目中选出两组试题，每组三道题。"①

所以，出生于1975年，国际数学奥林匹克史上最年轻的金牌获得者，数学最高荣誉菲尔兹奖的获得者，澳大利亚华裔数学家陶哲轩（Terence Tao）教授（图3-2）说："我很高兴自己有参加中学数学竞赛的经历（这个经历要追溯到20世纪80年代！）与一群兴趣相同、水平相当的人一起竞赛，就像学校里任何其他的体育赛事一样，有一定的刺激。而且参加奥赛还可以有机会去国内外旅行，这种经历我想对

图 3 - 2

所有的中学生强力推荐。"①

　　国外有很多国际数学奥林匹克的优胜者后来成了杰出的数学家，但中国是一个获奖大国，有很多优胜者，却至今还没有人成为大数学家，中国是数学大国但不是数学强国。2009 年 5 月 23 日的 CCTV《经济半小时》节目中说道："据统计，自 1986 年我国正式参加国际奥数竞赛以来，共有 101 名选手获得金牌，近年更连续 6 届获得团体冠军，但迄今为止这些金牌选手当中，没有一个人获得过授予青年数学家的菲尔兹奖。奥数热并没有为中国选拔出真正的数学人才。"这似乎就印证了"做这些小题目，怎么能出大数学家呢？""奥数培养不出大数学家"。

　　世界上能被称为大数学家的屈指可数，菲尔兹奖四年一届，每次也就颁发给二至四名数学家，而国际数学奥林匹克每年一次，每次都有 50 人左右获得金牌，所以即使所有的菲尔兹奖获得者都是出自国际数学奥林匹克的金牌得主，那也不过五十分之一。所以中国中学生几

---

① 摘自：走向 IMO：数学奥林匹克试题集锦（2008）. 华东师范大学出版社，2008.

乎年年在国际数学奥林匹克中获得奖牌，却迄今没有一人获得菲尔兹奖，这并非是一件不合常理的奇怪事情。

中国人参与国际数学奥林匹克起步较晚，参与者都还很年轻。中国的国际数学奥林匹克金牌得主绝大多数都有极高的数学天赋，其中有一些已经在国际数学界崭露头角，若干年后，未必不会有"大数学家"出现。

当然，就眼前来说，中国迄今没有一人获得菲尔兹奖，一定还有许多其他的更深层更复杂的原因，这是一个值得探讨的大话题，需要另辟专栏深入分析。简言之，像菲尔兹奖这类国际科学大奖，都是给那些在某个领域有重大突破、有革命性创新的学者的，而要想有重大突破、有革命性创新，就必须具备亚里士多德所强调的"有好奇心，有闲暇的时光，以及自由的思想"，必须具备乔布斯那样的"另类思维和叛逆精神"，要不迷信权威，具有质疑与批判的精神，而这些正是我们的传统文化里所欠缺的。此外还要有很宽的知识面。一个人的知识面越宽，经验越丰富，就越容易在不同的事物之间产生联想，创造性思维也就越活跃。很多杰出的思想者或发明者都能够在常人看来极不相关的事物之间找到联系，发现规律。可是在我们这儿，学业的负担几乎占据了学生所有的时间，根本无暇阅读各种课外书籍，参与各种与考试无关的其他活动，这无疑大大制约了中国学生的想象力和创造力。在这样的背景下，"迄今没有一人获得菲尔兹奖"真是一点也不奇怪，把这个问题怪罪到学奥数身上，倒是一派奇怪的混淆视听的说辞。

陶哲轩教授说："数学研究和奥数所需的环境不一样，奥数就像是在可以预知的条件下进行的'短跑比赛'，而数学研究则是在现实生活中不可预知的条件下进行的一场'马拉松'，需要更多耐心。"①

北京大学李伟固教授也曾经拿跑步打过一个比方。竞赛只需要几

———————————
① 奥数比赛失金的"反思"．中国科学报，2015－08－07．

个小时，高考也就 2 天，类似于测试学生的短跑能力，而诺贝尔奖、菲尔兹奖的获得则相当于测试学生的长跑能力，短跑选拔出来的人去练长跑会有一些优势，但未必能做长跑冠军。这个比喻未必精准，但大致意思还是差不多的，所以，那种认为"短跑选拔出来的人"都能做"长跑冠军"，必须做"长跑冠军"，否则就说明短跑的优胜者没价值，显然是苛求与极端的态度，但看不到"短跑选拔出来的人"所具备的优势，这也肯定是不对的。

其实中国从来没有说过只用"奥数"的形式培养学生，奥数学习也没有什么特别的形式，不管是什么学生，不管他参加多少"奥数班"，正常的课堂教学从来也不曾停止过，更不存在什么"奥数不考微积分，于是许多学生就不去学微积分"。也从来没有人说过只要学习奥数就一定可以培养出大数学家，没有人赋予奥数如此大的功能。再说奥数与数学没有严格意义上的区分，学数学就一定可以培养出大数学家吗？既然培养不出那就别学数学行吗？

奥数主要不是以培养数学家为己任，而主要是为优秀学生提供一些机会，没有一个奥数活动的组织者定位在成就大数学家这个高度，菲尔兹奖不是奥数活动所追求的目标，也没有能力成为他们的目标。只能说奥数高手同数学家有较高的相关性，当今数学界很多年轻杰出的数学家绝大多数都有奥赛的经历，其中不乏奥赛金牌得主，这就是很好的证明。国际数学奥林匹克的获奖者与菲尔兹奖的获得者有如此高的相关性，还真是一个值得研究的课题。把一个奥数竞赛获得优胜的学生日后成了大数学家，说成是奥数培养出来的，固然不妥，但反过来，把一个奥数竞赛获得优胜的学生日后默默无闻说成是奥数"害"的，那是可笑的。

有人说，有些大数学家从来没学过什么奥数，不一样成为大数学家吗？你能说他们眼界不开阔？思维有定势？不会从多个视角去分析问题和解决问题？我们认为，这是个伪命题。一个大数学家怎么可能从来没接触过中小学数学里的一些"趣味题"、"难题"呢？换句话说，这就如同你说牛奶有营养，他却说有人一辈子没喝过牛奶，身体照样很好，也不缺营养，有人天天喝牛奶照样有毛病一样，难道能就此得出"所以牛奶没营养，喝牛奶没意义"的结论吗？

大家不会不明白，即使是国际数学奥林匹克金牌获得者，离一流数学家还有很长的路要走，还要不断地努力，最后能不能成为大数学家，还取决于很多其他的因素，尤其包括我们刚才所分析的因素。

（3）大数学家也不会做奥数题。

陈省身教授是国际著名的数学大师，据说他在南开大学任教时，有一些孩子手拿着"奥数"的题目来请教他，陈省身看了看说："不会做。"

这是很多人用来反对奥数的一个重要证据：你看！大数学家都做不出来的题，还是数学题吗？竟然还让中小学生做，这不是耍弄、折磨学生吗？连数学大师都不会做、也不愿意做的奥数题，为什么现在的中小学生都抢着学呢？

言下之意，这奥数是什么玩意儿！

我们不知道那是一些什么样的题目，我们假设那不是我们前面所说的脑筋急转弯或胡编乱造的题目，因为那些不属于奥数，不在我们的讨论之列。既然是数学，陈省身这样的大数学家都说不会做，那大概有两种可能：其一，陈教授其实会做，但他用"不会做"来表达对奥数过热的反对或不屑。这一条正是本书要讨论的主题，后面会有更详细分析。其二，陈教授不可能不会做，但一时半会真做不出来，于是干脆说不会做。这一条应该很好理解，中小学的奥数题再难，也不可能难倒大数学家，但一个数学家不能在短时间内做出中小学奥数题目，也并不奇怪。

就单说初中的平面几何吧，没有人敢说自己会很快就能解出所有的平面几何证明题，大数学家也一样。

在小学奥数题中，有很多的题目用方程很好解，不用方程就很难解，绝大多数学过方程的人再回头不让其用方程，他还就真不会做了，这是非常正常的一件事，很多家长都有这种体会。

还有一些奥数题，看似非常简单，其实难度非常大，在此不妨举一例。

例6　如图3-3，有十二个外观完全一样的乒乓球，其中十一个球的重量完全相等，只有一个球的重量与其他的球不等，现在有一台天平，没有砝码，请用这台天平称三次，找出那个重量有异的乒乓球，并判断出那个乒乓球是偏重还是偏轻。

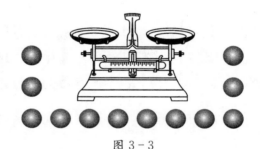

图3-3

怎么样，这个题目够简单吧！大概小学三年级以上的人都能看懂，题目也很有趣，很吸引人，可是没见过没做过这类题目的人，要做出这道题绝非易事，其中的推理演算也需要一定的时间，所以要想短时间内就做出来，几无可能，这与是不是数学家真没太大关系。由于这个题目实在是精妙，如果把答案写在这儿，会使读者失去一次极好的思维训练机会，所以不在此解答。

传播陈省身先生"不会做"奥数题这件事情的出发点，就是想借此做文章。一些中学数学中有难度的题目，对大学老师来说，他们未必擅长，基本上在规定的时间内考不过中学数学老师以及数学成绩优秀的中学生。

其实，陈省身先生不会做学生拿来的奥数题的故事，只是一种传说，我们难以考证。然而，我们知道陈省身先生在《九十初度说数学》①（图3-4）中说过如下一段话："中国在国际数学奥林匹克竞赛中，连续多年取得很好的成绩。这项竞赛是高中程度，不包括微积分。但题目需要思考，我相信我是考不过这些小孩子的。因此有人觉得，好的数学家未必长于这种考试，竞赛胜利者也未必是将来的数学家。这种意见似是而非。数学竞赛大约是在百年前在匈牙利开始的；匈牙利产生了同它的人口不成比例的许多数学家！"这才是陈省身先生对待数学竞赛的真实态度。

图3-4

当然，只要存心去找，实在找不到"创造条件也要找"，那么，大数学家不会做奥数题的证据还是会有的。2009年5月6日，国际数学

———————

① 陈省身．九十初度说数学．上海科技教育出版社，2001．

大师——菲尔兹奖获得者、俄罗斯数学家安德烈·奥昆科夫（Andrei Okounkov）到南京大学访问。"聊了半天奥数，记者掏出了提前准备好的一道小学奥数题，让这位数学家来试试看。"记者显然不是为了求教，可惜数学家擅长研究数学，未必擅长捉摸人心。"他哈哈大笑起来，却没有拒绝的意思。""抿着嘴，他低着头把题目仔细看了几遍，却迟迟没有动笔。""呵呵，我能不能不做这道题，感觉我现在的思路比较混乱……"数学大师的"洋相"，正是记者需要的结果，于是第二天，南京《现代快报》上登出了这样的文章：《小学奥数题雷住国际数学大师》（图3-5）。

图3-5

这就能证明奥数题"太难""太刁钻"了吗？

题目是这样的：

1，2，3，2，3，4，3，4，5，4，5，6，…，前500个数的和是多少？

通过观察发现，这组数是三个数一组，依次递增。如果三个数为一行书写，依次为：

1，　2，　3，
2，　3，　4，
3，　4，　5，
…
166，167，168，
167，168

三、学奥数有没有用

前166行共有498个数，再加上第167行的两个数，共计500个数。

我们竖着看这些数字，都是连续的整数排列，求它们的和就很简单。很多小学生都知道如何求1+2+3+…+100，它等于（1+100）+（2+99）+…+（50+51）＝101×50＝5 050。用同样的方法求第1列的和（暂不考虑第167行的数），1+2+3+…+166＝（1+166）+（2+165）+…+（83+84）＝167×83＝13 861。

第2列上每一行的数均比第1列的数大1，那么总和就大166。

第3列上每一行的数均比第1列的数大2，那么总和就大332。

所以前498个数的和为13 861×3+166+332＝42 081，前500个数的和为42 081+167+168＝42 416。

怎么样？这道题有点意思吗？难吗？刁钻吗？解这道题的关键就在于首先要发现所给的这组数的规律，而把它排成3列来解题。这就是奥数题，找不到关键点，就很难，一旦找到，就很容易。"嗨！我怎么没想到！"

解奥数题是需要技巧，需要训练的，长久不练就会生疏。一些国际奥赛的金牌得主，时隔数年后，你再给他一道奥数难题，他一时半会儿也做不出来，甚至思考许久也做不出来，这原本很正常。何况是在众目睽睽之下，聊得好好的，突然拿出一道奥数题，让人家当场表演，换谁也进不了状态。记者的行为不能证明奥数题"太刁钻"，更不能证明数学大师"无能"，相反，倒是证明了记者连对人最起码的尊重也没有。①

至于国际数学奥林匹克竞赛题，题目之精巧、难度之大，更不是一个毫无准备的人（哪怕是大数学家）可以很快做出来的。

用数学家都不会做奥数题来证明学奥数没有价值，其实是没有什么道理的。

　　客观地讲，一些大数学家反对奥数，绝对不是因为他们不了解奥数，更不是因为他们认定奥数是无意义甚至是有害的，他们真正反对的还是中国当下"全民奥数"这种极为反常的现象。

　　那么中国的奥数到底为什么会这么高烧不止呢？

---

① 该报道及解题方法引自倪明发表于《湖南教育（下旬刊）》2009 年 7 月的《问题出在"太功利"上》一文.

四、谁是奥数热的推手

　　奥数如此高热，背后肯定有推手，谁会是最后面的推手呢？这个推手的力量为什么这么强大？

如果说"奥数热"可以从奥数自身的魅力中得到答案的话，那么持续的奥数高热就不是奥数自身的魅力可以解答的了。

鸡蛋、牛奶有营养，吃了喝了对人有好处，但再有多好的营养，对于不适应、不喜欢吃的人，别人也不能强迫他吃，喜欢吃、适应吃的人也不能长期地大量地拼了命地吃，假如鸡蛋内混入了重金属，牛奶里添加了三聚氰胺，还要长期地大量地拼了命地吃，更是要出人命的。

学奥数有好处，但让几乎所有的孩子都牺牲掉宝贵的课外娱乐玩耍时间，一门心思进去钻研难题，那一定会物极必反。

这些道理是如此简单明了，怎么就好像没人听得进去呢？各种各样的课外辅导班尤其是奥数班为什么还是这么火热？

老师、家长、媒体、专家对此议论纷纷，献言献策，莫衷一是。他们分析得有道理吗？他们的建议可行吗？有效吗？

1. 是经济利益驱动了奥数热吗？

看看各类媒体和专家是怎么说的。

"一位著名数学家就一针见血地指出：奥数热不可能一下子就停下来，因为奥数已经形成一个奥数产业的既得利益群体，利润如此之丰厚，谁会甘心将这个生财之门关闭？"①

"利益一旦关联着机制，力量就会无比强大，无数家长不得不违背自己的意愿，把孩子送进奥数培训班，连清华大学数学科学系系主任

———————————

① 经济利益催生奥数热. CCTV，经济半小时，2009 - 05 - 23.

图 4-1

这样的数学家也不能例外。面对这样的事实，家长们只能无奈地苦笑。"①

　　"现在工作的难点就是非法机构出于利益的驱动，他们与一些名校暗地里沟通。"②（图 4-1）

　　"这种残忍的竞争源自一条体制外的小升初的利益链条。"③

　　"奥数的生命力如此顽强，还在于其背后另一个庞大的利益链条。"④

　　既然是利益驱动了奥数热，那么理所当然就应该切断利益。

　　"这个为奥数所利用的机制如果不彻底打破，恐怕要打倒奥数也只能是一个梦想。"⑤

①　经济利益催生奥数热. CCTV，经济半小时，2009-05-23.

②　奥数班：如何说再见?. 央视新闻1+1，2011-08-27.

③　"小升初"利益链能否斩断. 南方周末，2012-03-23.

④　奥数班为何屡禁不止?. 央视网，2012-08-23.

⑤　经济利益催生奥数热. CCTV，经济半小时，2009-05-23.

"打碎利益共同体，奥数这个强盗自然就没有生存之地了！"①

"戳破奥数的泡沫并不难，为什么大家对这种猴子捞月式的游戏却痴迷了二十年还执迷不悟？因为在奥数的背后是一场成年人的利益之争，教育机构靠办奥数班敛财，研究机构靠炮制奥数教材赚钱，他们利用当前的择校机制，一手扮演了裁判，一手扮演了运动员，把孩子和家长往奥数培训机构里驱赶。20亿的巨大市场，这也许才是奥数有禁不止背后的真正原因。"②

……

北京师范大学教授劳凯声说："我想这是因为政府手还太软……因为利益驱动，导致政府的主管部门和名校、奥数班的举办者之间已经构成了一个网络。那么现在我觉得应该打破，只要把这个关系给打破了，那么现在这个奥数班的这样一个乱象是完全可以治理好的。"③

在所有对奥数热的分析中，这个理由是最言之凿凿，又最为可笑的。

就在上面引用过的文章中，还有另外一番话，把这因果关系又颠倒了过来：

"如此多的学生家长追逐奥数，痴迷奥数，也让很多人嗅出了商机。"④

"奥数热催生了一个巨大的奥数产业链，有人士戏称，'奥数班就是摇钱树'。办奥数班是快速暴富之道。实际上，在奥数这个庞大的利益链条中，有积极办奥数班的中小学，还有重点中学的老师甚至重点大学的老师，以及社会上的奥数培训机构和相关出版机构等。"⑤

---

①　奥数这海盗为何越剿越猖狂. 中国青年报，2009－04－01.
②　经济利益催生奥数热. CCTV，经济半小时，2009－05－23.
③　奥数班：如何说再见?. 央视新闻1＋1，2011－08－27.
④　经济利益催生奥数热. CCTV，经济半小时，2009－05－23.
⑤　经济利益催生奥数热. CCTV，经济半小时，2009－05－23.

看吧：到底是对奥数的强大需求催生了市场，催生了奥数产业链，使很多人获得了利益呢，还是利益（指办奥数培训班的经济收益）驱动、制造出了奥数热？

奥数培训是一个巨大的市场，有许许多多的人从中获利，这一点不假。但是只要稍懂一点经济学皮毛的人都会知道，有需求才有商机，有需求才会有供给，有需求有供给就会形成市场，这中间有需求是根本，没有需求，什么都等于零，哪还会有什么利益驱动？

难道"利益"想把什么给"驱动"热了，就能把什么给"驱动"热了吗？难道只要这个"利益链条"上的人不愿放弃，就可以使某一项产业永远热下去吗？同样是小学生的课外培训班，为什么有的学科较冷而有的学科火热呢？难道是因为开办这些培训班的人"有的不在乎利益而有的很在乎利益"吗？

20 世纪 90 年代中期，BB 机出现，给人们的通信联系带来很大方便，于是建寻呼站，招寻呼员，卖 BB 机，修 BB 机等等都应运而生，因此而获利的人，肯定也不会"甘心将这个生财之门关闭"，可是这是你不甘心就有用的吗？在热闹一阵以后不久，随着手机大量普及，人们不再需要 BB 机了，这个行业也就消失了，它们"背后的""更深层次的"利益驱动去了哪儿了呢？

2012 年 11 月 21 日，世界上最后一台打字机下线。兄弟公司在北威尔士的打字机工厂宣告关闭，最后生产的一台打字机，作为一个时代的标志物进入伦敦科学博物馆，打字机最终被电脑彻底替代。打字机产业"背后的""更深层次的"利益驱动去了哪儿了呢？

几年前，用胶卷摄影还很"热"，像柯达这样的世界著名的大企业肯定也不会"甘心将这个生财之门关闭"，可是有什么办法呢？随着数码相机、智能手机、喷墨印刷等相关技术与设备的发展，偌大的柯达公司也只能停止生产传统的胶片相机，胶片生产也大为减少。

把这种关系颠倒过来是可笑的，只要奥数培训市场的需求方热度不减，只要这种需求没有违法，由此而产生的利益链条无论多么巨大都是斩不断的。我们也已经看到过，许多地方教育主管部门多次下"大决心""狠心"取缔奥数培训，但这利益链条却至今无法斩断。

至于说社会上的奥数培训机构出于自身利益，"兴风作浪"，使得奥数越来越热，这就同样不值一驳。这也许可以举出一些实例，说某培训机构怎么做虚假广告，怎么和名校联手等等，但归根结底，没有需求，再怎么"兴风作浪"也是枉然。社会人士开办奥数培训班以及其他各种培训班，都是对社会需求提供的服务，他们绝对不是奥数热的推手，只要他们的经营是合法的，那么他们赚再多的钱也是合理的，是符合市场规律的。

现在问题依然是：哪来的如此强烈的需求呢？

2. 是奥赛推高了奥数热吗？

奥数就是奥林匹克数学的简称，没有了奥赛，哪还会有奥数热呢？

国内奥赛的种类很多，全国性的就有高中数学联赛、初中数学联赛、华罗庚金杯少年数学邀请赛（始于1986年）、"希望杯"（始于1990年）等。各个城市还有自己的奥赛，如北京的"迎春杯"、"同方杯"、"资源杯"、"圆明杯"、"成达杯"等等。很多大型的校外教育培训机构也举办奥数杯赛，如"学而思杯"、"巨人杯"等等。

看看这些杯赛名目，就会感觉到奥数竞赛真的是有点乱，有点滥。

《新京报》的编辑潘采夫就说："解决奥数问题的根本办法，一是取消参加奥数国际比赛，金牌的吸引力不除，奥数'举国体制'就难以突破。"[1]

最高端的奥数竞赛当然非"国际数学奥林匹克"莫属，这不归我

---

[1]　奥数班：如何说再见?. 央视新闻1+1，2011 - 08 - 27.

们管，当然禁止不了。建议中国不参加，这未免有点滑稽，号称是数学大国，却不去参加得到世界上多数国家认可的国际性数学竞赛，这算是怎么回事呢？国内举办的高中数学联赛有多种目的，其中之一就是为参加"国际数学奥林匹克"选拔人才，所以也不该禁止，真要禁止了，那会成为国际笑话。

其实，参加高级别的奥数竞赛的学生毕竟是少数，能参加国际数学奥林匹克大赛的更是凤毛麟角，对于大多数学生来说，别说什么金银奖牌，就连参赛资格也是遥不可及，那些遥远的金牌对他们根本就没有吸引力。客观地讲，就算真的取消这些竞赛，只可能减缓少数高端学生之间的竞争，同时对个别数学成绩非常好而其他学科不太好的"偏科"学生会有不利影响，使他们失去了展示自己数学才能的机会，而对于"全民奥数"中的大多数学生来说，取消高级别的奥数竞赛真是无所谓，所以，高级别的奥数竞赛肯定不是引发"全民奥数"的原因。

也许问题就在义务教育阶段的各种名目的数学竞赛上，怎么会有这么多的杯赛呢？21世纪教育研究院课题组2011年8月发表的《北京市"小升初"择校热的治理》中指出，很多官方机构、大众媒体举办的杯赛，都是"以营利为主要目的的"。

这类的奥数竞赛是不是应该管一管呢？能不能管得住呢？管住以后奥数热是不是就大大降温了呢？只要政府出面，要想管住自己的下一级部门，以及各公办学校，那还是比较容易的，至少表面上是如此。

北京"市教委历来明确反对并禁止在义务教育阶段举办任何形式的学科竞赛，近年先后叫停'迎春杯'数学竞赛"。[①] 成都"禁止教育行政部门、教研培训机构、教育学会、义务教育阶段学校举办、协办

---

① 北京市教育委员会关于禁止组织义务教育阶段学生参与学科竞赛活动的通知. 2011 - 11 - 15.

以及组织学生参加包括'奥数'在内的所有学科培训和竞赛。"①

在政府的三令五申下，"自此，公办学校自行举办奥数竞赛和培训的大门关上"。不过，要想管住民间教育培训机构，就缺乏法律的依据了，于是，"这一市场成为民间教育培训机构的巨大商机，在利润的驱使下，各类被禁止的赛事都发展得更为红火，小学生奥数热和培训热如火如荼。"②

举办各种奥数杯赛有利可图，那就很明显，不是杯赛推高了奥数热，而是一些单位从奥数热中看到商机，利用奥数热来举办各种杯赛，获得利益，所以我们才会看到有那么多的杯赛。禁止了很多重要的奥数竞赛，奥数热依旧高烧不退，更说明竞赛本身不是奥数热的原因。

当年华罗庚等数学家倡导举办数学竞赛，目的主要就是培养和提高学生学习数学的兴趣，就像体育项目一样，精彩的竞赛总是能刺激群众的运动兴趣与热情。所以不可否认，奥数杯赛对奥数热肯定会有助推作用，但是一项竞赛能激发几乎所有学生的兴趣，许多学生宁可付出身体健康也要去参加培训、参加竞赛，显然是不可能的。另外，不管是体育运动，还是学科竞赛，并不是竞赛越多，群众的热情就越高，更不能反过来说，群众的热情越来越高，是因为竞赛越来越多。

那么，为什么那么多学生会热衷于参加这些杯赛呢？背后应该会有更深层次的动因，这动因绝不是禁止了一些竞赛就能解决的。说白了，这些竞赛的作用不就是要把学生分出高低优劣吗？参与这样的竞赛有什么意义呢？学生们有必要非得在赛场决一胜负吗？作为一个学

---

① 成都市教育局关于进一步规范办学行为深入推进素质教育促进中小学生健康成长的若干规定. 2009‑10‑25.

② 21世纪教育研究院. 北京市"小升初"择校热的治理：路在何方?. 2011‑08‑29.

生，如果不去参加这样的比拼，又会有什么后果呢？

循着这些追问，我们很快就能发现，原来学生的奥数成绩直接关系到升学，竞赛的优胜者就有了进入好学校的筹码。如果你没有什么背景，你也不是特别有钱，那你的孩子就必须积极地参与这样的竞争。

看来，奥数热和学校的招生有很大的关系。

3. 学校是奥数热推手吗？

说学校就是奥数热的主要推手，这好像是明摆着的事。

有人说，在平时学校的数学测验、期中期末考试中，总会有奥数类的考题，要想做出这类考题，不学奥数是不行的。所以，他们提议，应该禁止数学考卷中出现奥数题，在应试教育的背景下，只要不考奥数，谁还会去学奥数呢？

这种说法不能算错，眼下对于绝大多数学生来说，学奥数就是为了能提高数学考试的成绩，如果真能禁止数学考试中出现奥数题，大概就可以解决问题了吧。可是这样做有点滑稽可笑，甚至不可思议，教育行政部门如何判定数学考卷中的某一道题是否属于奥数题呢？难解的题就是奥数题吗？所有比较重要的数学考试都会有几道难题，可以说它们类似奥数题或者说就是奥数题，只要它们不超出教学大纲的范围，就都是符合教学规律的，是必需的。其他的学科考试也大体相同，都会有一些比较难的考题，用以考查考生对所学知识掌握的情况以及分析问题解决问题的能力，就如同体育中的跳高考试，横杆要一步步提升，有一个个不同的高度，这才能考核出各个学生跳高的能力。二十几年前，数学考试中也有难题，怎么没有引发数学热呢？趣题难题可以激发学生的学习兴趣，开阔学生的思路，这不正是数学教学大纲里经常强调的"不要死记硬背""要考出学生分析问题解决问题的能力"吗？现在竟然要取消这些难题，为的是让一个班级的大多数学生都得满分？这样的考试能让老师全面真实了解学生学习的情况吗？

这样的建议根本无法执行，至少是无法全面长期执行。

其实，现在何止是禁止了"数学考卷中的奥数题"！连期中期末考试都几乎被禁止，甚至小升初也不用考试了。可是奥数不是依旧很热吗？可见批评学校"数学考卷中有奥数题"，是很没有道理的。

社会上对学校意见很大，反应最强烈的是学校将奥数成绩与招生挂钩。学校在招生过程中，要考核学生的奥数成绩、竞赛获奖情况，这就迫使学生不得不去学奥数，钻难题，去参加各种竞赛，争取获奖。所以有人说，应该坚决取消高校招生、高中招生中的加分政策，严禁小升初考核奥赛成绩。

1977年以后，高中阶段奥数竞赛的优胜者都可以获得高考加分的奖励，各高校也很乐意录取他们，后来，中考也参照这个方式，给初中阶段参加奥数竞赛的优胜者加分照顾，再后来，很多城市的名牌初中在招收小学生时，也要参考小学阶段是否有奥赛获奖证书，这些做法被很多人认为是"全民奥数"背后的真正推手。

"虽然近年来高考加分政策有所调整，但不少省市仍规定，高中阶段在中学生学科奥林匹克竞赛全国决赛或在省赛区竞赛中获得有关奖项的，具有高考加分甚至保送资格。这种强劲的政策导向，使得奥数具有非常功利和实用的价值。"[①]

高考、中考都是所谓的"一张考卷定终生"，这种选才的方式是有明显缺陷的，一直受到强烈质疑与批评，其中之一就是埋没了一部分"偏科"的人才，而加分政策正是为了弥补高校招生、高中招生制度的缺陷而制定的。

其实只要深入一点分析就能发现，能获得加分的学生毕竟是少数，尤其是近几年对加分的要求与限制越来越严，能获得学科加分的

---

① 袁新文. 疯狂奥数，为何屡禁不止——"奥数热"反思之一. 人民日报，2012 - 08 - 21.

学生就更少了。由中国科学技术协会主办的全国中学生（数学、物理、化学、生物学、信息学）奥林匹克竞赛，能获得全国决赛一、二、三等奖的也就一百三四十人，各省获得全国高中数学联赛省级一等奖的学生也就 20—50 名，也就是说在 2010 年之前能获得高考加 20 分的，大约是 5 000—10 000 名考生中才有一个。对数学成绩在班上都无法保证前一二名的学生的家长来说，让自己的孩子学奥数是奔着高考加分去的，你信吗？的确有许多家长认为自己的孩子很聪明，"十里挑一"的"自信"还是有的，要说"百里挑一"恐怕就有点心虚了，他们会认为自己的孩子"千里挑一"甚至"万里挑一"？

奥赛的优胜者中，大多数人其他学科的成绩也是很好的，奥赛优胜者加分只是少数"学霸"在高层次上的竞争，公平与否也只涉及少数学生，对大多数一般学生来说，获得加分是一种梦想。所以取消加分无论是对于学习优秀的学生还是对于学习一般的学生来说，都没有什么损害，真正损害的是极少数"偏科"的人才，以及名牌大学的招生质量。

因此，批评大学和高中因其在招生中给奥赛优胜者加分而引发了"全民奥数"，也是没有道理的。

需要高度重视的是初中学校的招生，教育部强调，"各地要依法坚持就近免试入学制度，不能采取各种形式的考试、考核、测试选拔学生，不能将各种竞赛成绩作为招生的依据。"①

可是，"近年来，一些义务教育阶段公办学校违反关于入学和规范补课等行为的规定，利用自身举办的培训机构或其他社会民办机构开办针对中小学生的课外培训，利用寒暑假和周末时间讲授学科课程，并通过各种途径向家长传递学校将从这类课外班中选拔优秀学生的信

---

① 教育部关于贯彻《义务教育法》进一步规范义务教育办学行为的若干意见．2006－08－24.

息，导致众多家长盲目报名考试，严重侵害了孩子的身心健康，干扰了正常的义务教育阶段入学秩序。"①

初中学校用奥数成绩考核学生，小学生怎么可以不去学奥数呢？"全民奥数"就是这样被逼出来的。所以，说学校是奥数热的"推手"，有目共睹，这应该没错。是学校的行为催生了奥数热，而绝大多数家长们是"被迫无奈"才让自己的孩子去学奥数的。

图 a

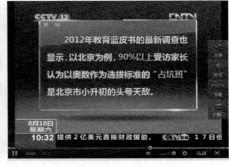
图 b

图 4-2

对此，政府可以说是三令五申。"坚决禁止学校单独或和社会培训机构联合或委托举办以选拔生源为目的的各类培训班。"② "严禁义务教育阶段学校在入学工作中通过学科竞赛或参考竞赛成绩来选拔学生。"③ "禁止义务教育阶段学校举办任何形式的与入学挂钩的选拔性考试和测试。" "北京市教委负责人表示，北京市将再次重申'三个禁

---

① 北京市教育委员会北京市人民政府教育督导室. 关于进一步治理利用培训机构选拔学生干扰义务教育阶段入学秩序行为的意见. 2009 - 04 - 02.

② 教育部、国家发展改革委、审计署关于印发《治理义务教育阶段择校乱收费的八条措施》的通知. 2012 - 01 - 20.

③ 北京市教育委员会关于禁止组织义务教育阶段学生参与学科竞赛活动的通知. 2011 - 11 - 15.

止'。禁止学校直接或变相采取考试，特别是将奥数等各种竞赛成绩、奖励、证书作为入学依据的招生行为；坚决禁止公办学校单独或和社会培训机构联合或委托举办奥数竞赛等以选拔生源为目的的各类培训班；坚决严禁公办学校教师参与此类培训班活动。"[1]

但是，各名牌初中仍然想方设法暗中考奥数或委托校外辅导班考奥数。"尽管国家严禁把奥数与升学、分班挂钩，但奥数与升学一直藕断丝连，仍是择名校、进重点班的'敲门砖'。"[2] 这就有点奇怪了，为什么学校总是变着法子要考试呢？为什么校长都那么喜欢"顶风作案"呢？

学校办这类培训班，一是为了获得经济利益，二是为了方便选拔学生。教育主管部门发这类禁令，如能严格执行，确实可以切断学校的利益链条，可他们无法解决学校招生时该如何筛选学生的问题。报名人数远远超出学校可录取的人数，怎么办？离开了考核就毫无办法。那考什么呢？考作文？那作文培训班立即会火热；考英语？那英语培训班立即会火热。甚至可以假设学校用俯卧撑来考核，那所有的学生都会去练俯卧撑。反正只要你用考试筛选，学生就一定会针对考试科目参加培训。一些重点学校由于报名的人数太多，学校不但无法停止考核，相反还要抬高考核招生的条件。

在"必须选拔"面前，"严禁选拔"无能为力！从这个意义上说，不是家长们"被迫无奈"让自己的孩子去学奥数，而是学校因为报名人数太多，"被迫无奈"，只能通过考核奥数等成绩选拔学生。何况"选拔"还附带着很多有利于校长和老师的"好处"呢！

只要稍作调查就不难发现，不是所有的学校都有资格选拔学生的，普通学校也想招收优秀学生，也想"自身举办培训机构或与其他

① 北京强调：中小学考试及升学禁与奥赛挂钩. 人民日报，2012-08-22.
② 奥数班 仍很火. 人民日报，2014-07-30.

社会民办机构配合开办以选拔生源为目的的各类培训班"来获取经济利益，可惜他们办不到。那些报名人数不足的学校，还要想方设法拉生源，他们绝不会自设高门槛为难学生。只有所谓的名校、重点学校因为报考人数众多，才有资格居高临下地选拔学生，选拔的方式五花八门，但奥数成绩一定是其中之一。选数学尖子能不考查超常的数学能力即所谓的"奥数"吗？所以，要说学校是奥数热的推手，那也只有少数名校、重点学校真正"配得上"这个称号。

现在问题就来了：所谓的名校、重点学校是哪儿来的？该如何改变这个现状呢？

4. 是教育资源稀缺和不平衡造成了奥数热吗？

《中国教育报》2014 年 4 月 23 日第 2 版刊文《不斩利益链奥数降温难》，文中说："奥数热源于择校，择校源于义务教育优质资源的不均衡。"

中国的教育资源曾经非常稀缺，但是经过几十年的发展，尤其是近二三十年的发展，教育资源已经大大丰富了。

现今无论哪个城市里的普通学校，不管是楼房、设备，还是教师的学历、文凭，都远超二十多年前该城市最好的学校。如今义务教育已经普及到初中，对于城市里的学生来说，上高中也没有什么问题。二三十年前，高考的升学率只有百分之几，说高考是千军万马过独木桥，一点也不夸张。可是现如今，经过发展与扩招，高考的升学率已经超过百分之七十，当初百里挑一的高等学府，如今已不再是高不可攀。有人说，扩招"圆了莘莘学子的大学梦"，高考不再是千军万马过独木桥。

如果再说今天的教育资源稀缺，显然就是罔顾事实了，可是我们看到，小升初比过去更加拼得你死我活，中考比过去更加紧张激烈，高考也还是千军万马挤独木桥，只不过不是为了挤进大学，而是为了挤进重点大学。

近些年，人们又发现，高考以后，高分复读的人数越来越多，他们非重点大学不上。你可以不赞成这种做法，但是只要你不是装糊涂，你应该会理解他们的选择。重点大学的毕业生在竞争中有明显的优势，这是不争的事实，那些离重点大学只有一步之遥的高分考生以及他们的家长，不甘心一时的失败，宁可再牺牲一年的时间和精力，也要争取挤进重点大学。

看来，**再怎么丰富教育资源都无法缓解学生们的互相竞争。**

有人说，教育资源不稀缺，但优质教育资源稀缺呀。于是我们就看到，为了扩大优质教育资源，教育主管部门让一些重点学校兼并附近的一些"差"校，还有一些重点学校到其他地方开办了若干分校。

这种方法有用吗？兼并一两所学校，办一两所分校是有可能扩大某个重点学校的资源，但这种扩大非常有限，远不能普惠所有的学校。如果兼并太多，开办的分校太多，你还会相信分校与学校总部的教学质量是一样的吗？你相信优秀的教师和校长以及良好的管理是可以完全复制的吗？你觉得以后北京所有的学校都叫"人大附中第 N 分校"或"清华附中第 N 分校"有意义吗？

其实，所谓的优质与非优质，都是相对而言的。和过去相比较，今天的教育资源绝大多数都是优质的；横向比较，总是会有相对的优与劣，那种要把优质教育资源渐渐扩大到全体，使所有的教育资源一样优质的想法，本身就是笑话。

有人说，问题是现在的教育资源不是一般性的不平衡，而是过于不平衡了，"尽管作为首都的北京教育资源丰富，但优质资源分配不均，进入重点中小学的途径最复杂，竞争最激烈。"①

重点学校的历史说来话长，简言之，就是共和国成立初期人才匮乏，优质教育资源稀缺，而经济建设又急需人才，国家通过行政手段

---

① "小升初"利益链能否斩断. 南方周末，2012 - 03 - 23.

将优质教育资源集中，在城市尤其是大城市办重点学校，有利于快速培养人才。

谁都希望享有优质的教育资源，通过行政的手段将优秀的校长、教师以及其他优质的硬件软件集中到一起的重点学校，对所有的家长都具有强大的吸引力，我国特有的独生子女政策更加剧了这种需要，这就必然要引发激烈的竞争。奥数成绩成了竞争的筹码，奥数热的根本原因就在于教育资源的过于不平衡。

显然，如果学校之间没有差别，无所谓重点学校、名校，班级之间也没有差别，无所谓快班慢班、实验班普通班，那么家长就不会把孩子往这些"名校"及"好班"里硬塞，学校也就没有理由、没有资格、没有动力选拔学生，没有了选拔，便没有了升学的竞争，至少也可以大大缓解升学的竞争，那么绝大多数家长就没必要逼着孩子去上这个培训班那个培训班，奥数热自然也就降温了。

问题似乎越来越清楚了，于是，一些媒体和学者把矛头对准了办学政策，教育主管部门也力图改变这种现象，"依法规范公共教育资源配置，不得举办各种名目的重点学校、重点班"。①

那么怎样使教育资源尽可能平衡呢？有人说，要动用行政手段，打破重点学校与非重点学校的界限，例如在资金支持、硬件配置上向"差"校倾斜，至少不要再向重点学校倾斜，将校长与教师不断地重新配置、组合、流动，"坚持义务教育阶段公办学校一律实行免试就近入学，不准小学、初中入学举行选拔考试。"②

但是，呼吁也好，规定也好，三令五申也罢，问题就是解决不了，不但重点学校依然存在，而且差距还在扩大，且越来越大，达到了惊

---

① 教育部关于贯彻《义务教育法》进一步规范义务教育办学行为的若干意见. 2006 - 08 - 24.

② 北京市教育委员会北京市人民政府教育督导室. 关于进一步治理利用培训机构选拔学生干扰义务教育阶段入学秩序行为的意见. 2009 - 04 - 02.

人的地步。这又是为什么呢？

有人说，有权有钱的人从内心讲是希望重点学校存在下去的，他们可以凭借权力或金钱，让自己的子女接受最优质的教育。重点学校也绝不会轻易放弃能够名利双收的"有利地形"。还有人说，在硬件上平衡教育资源比较容易，而在软件上平衡教育资源就困难多了，校长教师也是人，也有他们的实际困难，过于频繁的流动对于他们本人以及他们的家庭都会带来困扰，教师过于频繁地替换对于学生也未必是件好事。

中国的教育资源确实不平衡，毫无疑问，这正是"全民奥数"的原因。我们分析了重点学校制度的来源，以及平衡教育资源的困难，但是我们还是难以解释，为什么这二十多年来，这种不平衡非但没有缓解，反而越来越严重了。为什么？这也许恰恰说明，教育资源的不平衡还不是造成学生竞争激烈的根本原因，我们完全有理由提出另一种判断：是越来越激烈的竞争使得原本就很不平衡的教育资源变得更加不平衡了。在教育资源不平衡加剧的背后，一定还有更深层的原因！

说了这么多，究竟谁是奥数热的推手呢？我们一而再，再而三地提到"强烈的需求""激烈的竞争"，是谁在需求？谁在竞争？

让我们回到刚开始讨论的时候，"参加学习的大多数学生怨声载道，家长们也都叫苦不迭"，是的，我们明确无误地看到很多记者采访学生家长时，大多数家长都表示，自己内心是不愿意把孩子送到奥数培训班的。但是如果我们换一个问题，答案会怎样呢？如果记者采访众多家长："你希望你的孩子上一所好的学校吗？"我们敢肯定，绝大多数的家长都会说：希望，不但希望，而且必须！

到此，我们应该可以看出来了，正是家长们希望孩子上重点学校的强烈愿望，形成了近乎疯狂的择校热，而择校使得名校、重点学校有了"可乘之机"，他们既是"被迫无奈"，又可说是"推波助澜"，他们用奥数等成绩指标考核选拔学生，既招收到了学习成绩优秀的学生，可以保持甚至提高学校的名气，又获得很大的经济利益。于是，奥数就不可避免地热起来了。

　　上名校有这么重要吗？优质教育资源虽好，但牺牲孩子的快乐甚至健康去换取一个名校的录取通知书，值得吗？如果家长们都能看淡名校，能够服从"免试就近入学"，奥数还会这么热吗？家长还用得着逼孩子去学奥数吗？

　　一个严峻的问题摆在我们面前：家长们为什么非要让自己的孩子上名校呢？

五、家长的心愿

　　作为家长，必须读懂自己的内心，你希望你的孩子将来过怎么样的生活？有什么样的人生？你的期望决定你的选择。

家长们为什么非要让自己的孩子上名校呢？专家学者有各种各样的说法。

有人说，因为家长们有"名校情结"，都希望把自己的孩子送进名校。

家长有名校情结，这很正常，但是如果上名校要付出极大的努力，甚至要牺牲孩子的快乐和健康，那么，有个别家长出于"无知"会这么干也就罢了，岂会有那么多的家长都"无知"到会把自己的一个所谓"情结"看得比孩子的快乐和健康还重要？显然，这个说法对大多数家长是不成立的。

有人说，是家长有虚荣心，盼望子女为自己争光。

就算上名校是一种"争光"，为了自己脸面的光，去牺牲孩子的快乐和健康？这虚荣心也太强了吧！确有这样的家长，但只是极少数。

有人说，很多家长让自己的孩子去参加各种培训班，完全是从众心理，跟风追风。

这种说法其实是有点侮辱家长的智商了，就像我们经常喜欢说"不明真相的群众"一样。在一件事情上一时半会儿犯迷糊完全可能；在一件事情上人在几年的时间里都是迷迷糊糊，那可能性就小多了；有那么多的家长，在几年的时间里总是迷迷糊糊随大流，这可能吗？

有人说，是家长望子成龙心切，对孩子的期望值过高，尤其是现在都是独生子女，这种愿望就更加强烈。"为什么非要让你的孩子上名校呢？""为什么非要让你的孩子将来当科学家或其他的什么名人呢？"

这是最流行的说法，和"名校情结""虚荣心作祟"等说法意思差不多，区别在于一种是家长倾向于"关心自己"，一种是家长更注重"关心孩子"。

　　我了解过，确实有这样的家长，以为自己的孩子绝顶聪明，满心希望自己的孩子出人头地，一定要把自己的孩子培养成"大人物"，他们"逼"孩子努力学习，就是为了孩子有朝一日"功成名就"，成"龙"成"凤"。我们从新闻媒体中看到过的"虎爸""虎妈"，就是这类人中的典型。

　　什么样的人可以称为"龙"或"凤"呢？当然，这只是一种比喻，但总还是大致有所指的，很有权很有势的？很有钱的？很有名望的？反正得有个"很"字吧，否则"龙"和"凤"就太多了，太多了也就不能称其为"龙"或"凤"了。

　　我想，家长们只要有最起码的理智，就不会不明白：出人头地，谈何容易！在一大群孩子中，日后能有大出息，能成为人中之"龙"之"凤"的，毕竟是极少数，所以，绝大多数的家长并不敢奢望自己的孩子日后成"龙"成"凤"。望子成"龙"？那也就是偶尔想想而已，当不得真的。

　　只要深入调查一下，就会了解到，对于绝大多数的家长来说，他们只是希望自己的孩子以后有一个健康的身体，有一份较好的工作，有一个幸福的家庭，衣食无忧，过着快乐的、有尊严的生活。这个要求应该不算高吧？如果达不到这个要求，那么绝大多数的家长都是难以接受的。

　　如果借用"龙""凤"的比喻，那么绝不多数家长的普遍心态就是：**不奢望孩子成"龙"，但决不能让孩子成"虫"。**

　　我们不应该歧视任何正当的职业，也不应该用职业来划分"龙"和"虫"，但是我们也不能无视不同职业之间的收入差距，尤其是当这种收入差距十分巨大的时候。这些差距在我们周围随处可见。

　　就业形势是如此严峻，有的年轻人凭借自己的学历、专业和才能优势（此处暂不谈少数父母的权力优势）能轻易地找到工作，甚至找到高薪酬的工作，而更多的年轻人则为找工作四处奔波，广投简历，仍难以找到一份可以好好养活自己的工作。

在每次人才或劳务招聘会上，那么多人拥挤着争夺一两个职位，那迷惘、失落的眼神令人心酸（图5-1）。而越是苦活累活，往往工资越低，福利待遇也低，被人呵斥被炒鱿鱼是常事，一旦失业连温饱都成问题，更有一些工作岗位，事故与职业病高发，连生命都受到严重威胁。还有一些年轻人因为没工作或工资太低，一直在"啃老"。请问，这样的生活快乐吗？幸福吗？有尊严吗？这是家长们所希望看到的自己孩子的未来吗？

图 5-1

我们还看到，有的企业高管年薪上千万元，而很多底层岗位年薪只有两三万，家长不敢奢望自己的孩子日后年薪上千万，但他们绝不会甘心让自己的孩子就拿区区两三万吧？

北京大学中国社会科学调查中心发布的《中国民生发展报告

2014》（图 5 - 2）中说："2012 年我国家庭净财产的基尼系数达到 0.73，顶端 1％的家庭占有全国三分之一以上的财产，底端 25％的家庭拥有的财产总量仅在 1％左右。""城镇与农村、不同区域在房产、消费模式、医疗资源投入上的差异仍非常显著。体制内与体制外家庭在财富水平、财富的增长幅度、消费模式上也存在明显的不平等。""财富不平等具有自我强化的作用，即可能出现'富人越来越富，穷人越来越穷'的恶性循环。"请问有哪个家长会希望自己的孩子未来属于那 25％的底端的人，属于那些"越来越穷"的人呢？

图 5 - 2

除了贫穷以外，底层的人要办点事，得处处求人，一个总是要央求别人的人，会觉得自己很有尊严吗？你愿意自己的孩子将来就是一个事事求人、缺乏尊严的人吗？

对于绝大多数家长来说，他们没有什么特别的社会资源和财富资源，他们不愿意自己的孩子落在后面，他们担心自己的孩子会落在后面，他们只能希望自己的孩子努力学习，去争取好的成绩。

不难想象，当绝大多数家长都这么想的时候，当许许多多的人都争先恐后要通过独木桥的时候，会出现什么样的情况。

能够引发一个群体激烈竞争的，不是第一名的荣耀，而是落后者的风险。第一名的荣耀会激励竞争，这种竞争有时也会很激烈，但那只会是少部分人的竞争，大多数明白自己不具备竞争实力的人，会自觉退出这种竞争而在一旁围观，只有落后的风险会迫使整个群体参与竞争。

　　草原上，整个鹿群都在狂奔，不是因为它们都想争取跑第一，而是因为狮子正在后面追赶捕食，落在最后就要被狮子逮住吃掉。

　　一小群孩子走在一条黑暗的巷子里，对黑暗的恐惧使得谁都不愿走在最后一个，大家都不由自主地加快脚步往前挤，于是越走越快，不一会儿，所有的孩子都开始狂奔了，他们可不是为了争第一名，而是害怕落在最后会被"鬼"给抓去。

　　很多人在公交站等公交车，在无人维护秩序的情况下，车一到站，总有人爱争着上车，为的是抢一个座位。只要候车的人不是很多，大家都能上车，那么去挤去抢的人就不会很多，路途不远，站着与坐着差别也不大，也就实在没必要去挤。但是如果站台上候车的人黑压压的一片，不挤就上不了车，等下一趟车也一样，那么大多数人都会拼命去挤，这种时候，他们真的不是为了抢个好座位，而是害怕上不去车，不能按时赶到目的地。这在大城市的早高峰期间是太常见了。

　　竞争的激烈程度取决于竞争失败的后果。挤不上车要迟到，可能会被领导批评两句，虽说不舒服但毕竟不是什么大事，挤不上这趟车就再等下一班车吧；如果迟到要扣工资，那就要考虑用劲去挤了；如果迟到就会被炒鱿鱼，那拼命也得挤上这趟车。两个人下棋，自然要争个输赢，如果没有其他奖惩，那也就是好玩而已，大多不会较真翻脸，如果下了赌注且赌注很大，那就不一样了，每走一步都会小心翼翼。足球邀请赛、友谊赛通常会轻松和愉快，但世界杯足球赛就大不一样了，奖金和荣誉巨大，比赛就异常激烈，点球决胜时连足球巨星都会失常就充分证明了这一点。两人搏击，如果都戴着护具，双方都不至于拼命，但如果是立下"生死文书"进行决斗，以死一个定胜负，那就一定非常激烈极其残酷了。所以后果越严重竞争必然越激烈。

学生的竞争会有什么样的后果呢？学生竞争的后果，在近期，大概也就是面子上的小事，但在远期就有可能是一辈子的大事。如果职业之间的收入差距不大，在人们可以接受的范围之内，那倒无所谓，但如果差距巨大，有所谓"虫""龙"之别，谁还能无动于衷呢？

"世上只有妈妈好"，对一个孩子来说，这世上最爱他的就是他的妈妈和爸爸。如果他们的孩子只要好好地在学校进行正常的学习，将来就能有一份较好的工作，有一个幸福的家庭，衣食无忧，过着快乐的、有尊严的生活，那么他们何至于要牺牲孩子的快乐甚至健康，逼孩子去上各种培训班尤其是奥数班呢？但现实情况并非如此，一个正在转型的社会，人与人之间收入及财富的差距非常大！社会贫富差距的大小决定了现今学生间竞争的激烈程度。

这些连自己也说不清为什么，却要让孩子去上各种培训班尤其是奥数班的家长们，内心深处有一种焦虑与不安，就像一只没有安全感的惊恐的鹿，只要见其他的鹿跑，就立即跟着狂奔一样。

不要轻信个别专家名人的说教，他们总是说孩子的快乐最重要，他们甚至以自己的孩子为例论证自己的观点。专家名人的话没有错，他们的知识，他们的教育能力和财力，他们的知名度，他们的人脉资源都不是一般家长可比的，他们有资本让他们的孩子童年快乐，因为他们在将来给自己的孩子谋一份中等偏上的工作是没有问题的，再不济也可以送孩子出国。而对于大多数家长来说，作为一个普通老百姓，你有他们那样的地位和名气吗？你有他们那样广泛的人脉资源吗？你像他们一样善于而且有条件培养自己的孩子吗？他们有足够的能力在将来给孩子安排一个好工作，你行吗？你能做的，只能是让你的孩子积极参与残酷的竞争。

所以，**与其说是家长们"望子成龙"，不如说绝大多数家长是"望子别成虫"。正是这种"最低心愿"引发了激烈的竞争。**

竞争正在按其内在的规律发展，不断地往前往后延伸。往后看，大学校园里，"六十分万岁"的口号早已淡去，我们看到更多的是在为考研、为考各种证书以及为出国而努力奋斗的大学生；往前看，高考的竞争已经延伸到中考、小升初，甚至幼升小。孩子们目前所面临的竞争，虽不至于像立下"生死文书"的决斗那样非死一个不可，但也绝非如体育上的友谊赛那样轻松和愉快。

只有大大降低竞争的后果，例如全社会的贫富差距很小，也没有什么"人上人"与"人下人"的明显区别，普通老百姓无温饱之虑，办事无需求人，社会保障体系完善，生老病死都有依靠，等等，这样，才能从根本上消除家长的担忧和恐惧，才有可能减缓学生间的过于激烈的竞争，否则，上述所有的"医治"药方都是空谈。这也就是十多年来，各界人士大声疾呼，教育主管部门不断地进行教育改革，严禁择校，严禁补课，想尽各种办法减轻学生的课业负担，却几无收效的根本原因所在。

孩子，尤其是上小学的孩子，他们年龄小，不会看那么远，不知道自己已身陷激流，不进则退，不知道前面有一座甚至几座独木桥在等着他，不知道被挤下独木桥与冲过独木桥会有多大差别，不知道竞争有多么激烈、残酷。但是，做爸爸妈妈的知道这一切，为了孩子的未来，爸爸妈妈们不得不"逼"孩子努力学习。

他们能做的事，就是尽力帮助孩子进一所好的学校，送孩子去上各种培训班，哪怕暂时影响休息影响身体也得拼命去学，他们相信，如果现在让孩子有个快乐的童年和少年，那以后就会有一个不快乐的成年在等着自己的孩子，而且那个不快乐的成年还会殃及再下一代。

好学校用奥数成绩考核学生，想进好学校，就得学奥数，家长尽管内心并不情愿，但还是必须"逼"孩子去学。家长就是奥数的需求方，是奥数热的真正推手。一切就是这么顺理成章！一切都是这么无奈！

我们不禁要问：好学校为什么如此青睐学生的奥数成绩呢？奥数成绩有这么重要吗？就没有其他可考核的内容吗？

五、家长的心愿

六、如何评价学生

要做评价就一定要有标准，我们有什么样的
标准呢？科学还是片面？为什么一些公认的好的
评价标准却无法执行呢？

社会的贫富差距拉大，会引起家长们的担忧与恐慌，但这还只能证明因此会导致激烈的竞争，却不足以解释为什么唯独学奥数会如此疯狂，而不是学其他学科或学其他技艺的疯狂。绝大多数家长的愿望，说到底，就是希望自己的孩子将来有一份有尊严的好工作，但凡有一点社会阅历的人都会明白，要想找一份好工作，要想在好的工作岗位站稳脚跟，靠的是一个人的综合素质，而绝不仅仅是学校里的学习成绩，更不是其中之一的奥数成绩。

市场上有许多与考试、招生及招工并不直接相关的培训班（例如唱歌跳舞、书法美术、游泳滑冰、武术跆拳道等等）也有不小的热度，就说明了很多家长其实是非常明白的，想必老师与校长也一定明白这个道理。

按这个道理往前推，大学就应该用综合素质来选拔高中生，高中就应该用综合素质来选拔初中生，如果初中也要选拔的话（按规定是不允许的），就应该用综合素质来选拔小学生。

但是在现今的学校里，我们看到更多的竞争是学习成绩的竞争，是分数的竞争。这又是为什么呢？

有人说，这是中国现行的"唯分数论"的评价体系造成的，那么是谁在搭建"唯分数论"的评价体系呢？没有人，找不到这样的人，这是社会各种力量共同作用的结果。尽管这样的评价体系广受批评，政府教育主管部门也一次又一次地想打破"唯分数论"的评价体系，想通过教育、呼吁及行政的力量搭建一个"综合素质"的评价体系，可惜始终搭建不起来，这又是为什么呢？

1. 分数和文凭能说明什么?

分数为什么会如此重要呢? 分数到底能说明什么呢?

在学生的综合素质中,学习成绩无疑占据很重要的地位,它能反映一个学生的理解能力、分析能力、学习兴趣、学习态度、钻研精神、心理承受力等等。就普遍现象来说,一个学生的学习成绩好——尤其是多门学科的成绩都很好的学生——就说明他的这些能力强,他如果再去学习其他新的更高层次的知识,基本上都能学得很好,因此,我们就看到,所有的学校都要招收学习成绩优秀的学生,即使是那些非常重视和强调考查学生综合素质的学校,也绝不会轻视学生的学习成绩。同样,一位毕业生的文凭越高,文凭出自的学校越有名,他就越容易受到用人单位的欢迎。

有这么一些人,他们总爱举出一些反例,某某高分学生很低能,某名校的某某毕业生是如何的"不中用"等等。

确实有这样的人,最有名的大概要数中国古代战国时期的赵国名将赵奢之子,那个只会纸上谈兵的赵括了。但这能证明所有军校里的学习成绩好的学员都是只会纸上谈兵的废物吗?

其实,人有各种各样的能力,数不胜数,但个体的能力却是有限的,你不能要求一个数理化学得好的人,组织能力也必须强,一个文采飞扬的人,一定要心灵手巧。用一个人的短处去否定他的长处,既不公平客观全面,也不厚道。

在军校学习成绩优异的人,有的适合当参谋,有的适合任指挥,这涉及多方面的素质,如果你让一个适合当参谋的很会"纸上谈兵"的人去当总指挥,结果吃了败仗,那是你用人不当。

确有高分低能者,但那是少数,而高分高能者一定是多数。如果好成绩高分数说明不了什么,怎么会有那么多学校、企业事业单位和政府部门,在招生和招聘的时候,看重好成绩看重高文凭呢?竟然会以没用的东西作为标准,并且几十年都是如此呢? 他们都没

六、如何评价学生

有眼光吗?

有人还爱说,许多的高考状元后来都"不知所终""泯然众人矣",奥数竞赛的金牌得主后来成为大数学家的极少,有人说他们只是一些善于考试的机器。

这是一种混淆视听、似是而非的说法,把高考状元、奥赛金牌得主捧为天才、超人,固然不可取,但用这种所谓的"统计"结果来贬低他们,绝不是一种健康的心理,更不是一个有追求的民族应有的态度。高考状元、奥赛金牌得主,他们的理解能力、分析能力、钻研精神、心理承受力等等,一般的学生难以望其项背,如果非要说他们是考试机器,那么在应试教育的背景下,每个学生都是考试机器,高考状元们则是其中最优秀的考试机器,如果他们改做其他"机器",照样还会是一台好"机器"。像有些网友所说,"学霸到哪儿都是学霸",这些人绝大多数后来都成为社会的精英,他们的社会地位、薪金收入、生活质量大多处于社会的中上等,这正是社会上大多数人所希望有的生活。非得用高官、富豪、大企业家、商界领袖、大科学家等等要求来衡量他们,那是苛求。

还有人爱以某某原先在校学习成绩并不好但后来取得了很大成功,某某文凭很低的毕业生经过努力后来成了某领域的领头人等等为例,想以此来证明学生在学校学习成绩好也未必有什么大用。

我们并非不知道有这样的人,中国历史上,刘邦、朱元璋等人,文化程度不高,后来竟当上了皇帝,眼下也有不少大老板,学历很低,有些甚至是文盲,但是这仅仅只能说明,有一些学习成绩不好的学生不一定就笨,他们可能有着常人不具备的一些优秀素质,同时也说明一个人要取得很大的成功绝不可忽视其他的一些重要素质。但若就此认为学习成绩好是没用的,那就太无知了。其实就是这样的皇帝、老板,他们成功后往往会严格要求子女好好学习,这就证明他们也不认为自己当初是文盲或学历很低是什么好事,更没有糊涂到认为文盲或学历很低是自己成功的基础。

顺便再说一个有趣的现象：大多数的学习尖子生很少有熬夜苦战的，他们做题快，休息得早，睡眠就相对充足，第二天能精力饱满地继续学习，形成很好的良性循环，反倒是很多学习一般的学生常常熬夜苦战，睡眠不足，造成恶性循环；很多的学习尖子生的课外兴趣更广泛，课外阅读量更大，内容更杂。

高分高能的人一定远远多于高分低能的人，在学习成绩优秀的学生群体中，日后能成为真正人才的人，一定比学习成绩不优秀的学生群体中的多；高文凭毕业生群体中，日后能成为真正人才的人，一定比低文凭毕业生群体中的多。这就是富矿与贫矿的差别，从富矿中找一块废石来与贫矿中的一块好矿石相对比，以此来否定富矿，那是可笑的。

在所有的学科中，语文和数学最具代表性，所以，虽然高考经过了多年的五花八门的改革，但语文和数学都是必考的科目。就数学而言，奥数成绩特别能反映一个学生的理解能力、分析能力、学习兴趣、学习态度、钻研精神、心理承受力等素质，这已为多年的实践所证实。奥数题目比较难，比较灵活，奥数只适合少数学有余力对数学很有兴趣的学生。所以奥数学得不好的学生不见得不聪明，但奥数学得好的学生肯定是非常聪明的。

为了参加国际数学奥林匹克，我国每年都经过层层选拔，会有60名高中生组成集训队进行强化集训，再从中选拔6名去参加国际数学奥林匹克。为了让每年参加国家集训队的学生安心备战，为了这些聪明绝顶的数学尖子生不被埋没，集训队的学生都将被保送进入国内的著名大学。

1977年以后，高中阶段学科竞赛的优胜者都可以获得加分的奖励，后来，中考也参照这个方式，给初中阶段参加奥数竞赛的优胜者加分照顾，再后来，很多城市的名牌初中在招收小学生时，也要参考小学阶段是否有奥赛获奖证书。

学校之所以这样做，就是冲着这类孩子的学习态度、学习能力，冲着这些孩子的"聪明劲"去的。奥数的尖子生进校以后，经过几年的学习，绝大多数能在毕业的时候以出色的成绩为学校争光，他们就是重点学校非常重视的优质生源。如果说奥数成绩好，根本就证明不了什么，那全国几乎所有的学校，尤其是重点学校，如此重视奥数成绩，岂不是犯傻啦？有这么多傻瓜吗？

有人说奥数成绩是孩子们上好学校的敲门砖，这样的比喻未必恰当，但也有一定的道理，这块砖能敲开好学校的大门，就是因为这块砖沉，含金量高。

2. 如何考查学生素质？

尽管学习成绩非常重要，尽管奥赛奖牌含金量很高，但这些毕竟只是反映了学生的一部分素质而绝非全部，一个学生日后踏上社会，比的一定是综合素质，所以，评价一个学生优秀不优秀，是不是人才，日后能否成大器，就必须从多方面去考查。除了要看他的学习成绩，还要看他的品质和意志，看他的人际交流能力和团队精神，看他的性格和习惯，看他的竞争意识和对风险与挫折的承受力，看他的责任心和上进心……也就是要考查他的综合素质。"性格决定命运"，从这个意义上来说，对一个年轻人的未来影响最大的往往是非智力的素质。

人的素质是多方面的，学习成绩只反映了学生的一部分素质，它不完整，不全面。更重要的是，在它的引导下，家长和学校就会只重视抓学生的学习成绩——这正是我们目前所看到的——而忽视了其他素质的培养。

"在禁止以奥数为指标之后，我们应该设计一个更为多样的评价体系，不拘泥于考试这一种形式，不只看分数，更注重对孩子兴趣的挖掘。"[1] 这话一点没错，难道是因为我们不会设计评价体系吗？

如果我们能全面地评价一个学生，如果高校能以综合素质来考查、录取学生，社会也以综合素质来考查、认可毕业生，那么学生间的竞争就将是多方面的竞争，而不会仅仅局限在学习成绩上，更不会只在奥数成绩上。这样，尽管无法降低竞争的激烈和残酷，但总体上对学生的全面发展、身心健康是有好处的。可是为什么我们却总做不到这一点呢？

最大的问题就在于：该怎么考查这类素质呢？

为了评价这些素质，我们看到的通常的做法——也许是古今中外通常的做法——是写评语。不可否认，这应该是一个很好的办法，甚至可以说只能是这个办法，因为很多素质是长期观察，"看"出来的，不是"量"出来的，也是"量"不出来的。据说国外的一些大学招生时，很看重学生的评语、推荐信、面试等材料，我们的很多教育专家也竭力推荐和提倡这种方法，可是，问题的严重性就在这儿：我们能做到吗？我们就想想看，这评语该由谁来写？老师？同学？家长？有什么办法能确保他们写的评语是客观的、公正的、公平的？再进一步想想看，就算这些评语是准确的——没有人为的贬低或吹捧，又有什么办法能确保高校的招生人员能公正的、公平的依据这些评语和学习成绩来综合评判、录取考生呢？还有就是，作为评语，肯定只能是一个大致的描述，这样大致的描述如何将大量的学生进行排序，以便确定录取谁呢？

由于传统的观念、习俗及制度等等多方面的原因，我们经常能看到，权力和人情总是有干扰法规和制度的冲动，也经常能看到，有人为了自身的利益，是怎样千方百计地去影响权力，使权力朝有利于自己的方向倾斜。在没有一个能令大多数人信服的严格、统一、科学公

六、如何评价学生

---

① 奥数班 仍很火. 人民日报，2014 - 07 - 30.

平的标准的情况下，尤其是在一个诚信欠缺的环境里，对于无法量化细化的综合素质，正是不正之风可以大显身手的地方，这方面的例子，我们见得还少吗？在这样的不正之风影响下，我们如何能够公正公平地评价一个人的综合素质？

我们曾经有过"推荐"上大学的试验，排开政治的因素，也不论"忠于党，与工农兵打成一片，工作积极，吃苦耐劳……"是否类似于我们今天所说的"综合素质"，我们可以把那种招生的方法，看成是一种全国范围的、全社会性的大试验。众所周知，在那场试验中，越来越多的人通过"后门"走进了大学。离开了"分数"指标，再加上其他的种种原因，那场试验最终没有取得成功。

前些年，媒体纷纷报道并赞扬了复旦大学通过面试招生的做法。谁也不能说这种做法有什么错，但是，如此大投入的面试，能够在全国推广开吗？其次，即使是在复旦大学这样的小范围内，如果作为制度确定下来，那么，在第二次、第三次……面试之前，谁敢说那些专家们不会收到各种各样的"条子"？谁又能保证没有专家会被"条子"打倒？

中国人民大学招生就业处原处长蔡荣生，就在这个位置上搞腐败被查，而且涉案金额较大。招生也是一种权力，在权力缺乏有效监督的情况下，离开了分数这个硬杠杠，择优录取就很可能发生大的偏差。

由 21 世纪教育研究院课题组 2011 年 8 月发表的《北京市"小升初"择校热的治理：路在何方？》中有以下句子：

"推优生的政策目的是为品学兼优的学生提供进入优质中学的机会，但这一做法由于人为地给学生贴标签、分等级，造成了对学生的歧视，不利于学生的身心健康。……而且，它选出来的往往是优势阶层的学生，也违背了公平的原则。推优的比例越大，其负面影响就越大。"

"校长反映，由于推优的可操作性太强，助长了给老师送礼、在学生中拉选票等不正之风，扭曲了老师与家长的关系。"

"'条子生'是'小升初'过程中最为不公平的入学方式，赤裸裸地侵犯教育公平，严重扰乱了义务教育的正常秩序。"

"由于'班干部'、'三好生'与推优资格直接挂钩，使得推荐和评选过程功利化，甚至出现拉选票、小帮派、诋毁对手、贿赂老师和学生等行为，违反了道德教育的初衷。"

2015年5月14日的北京晨报上刊文《保送生里猫腻多》（图6-1），其中说道：

"南方一所高校相关领导向记者透露，该校梳理总结10年'保送生'情况时发现，绝大多数'保送生'为厅局级领导干部的子女。"

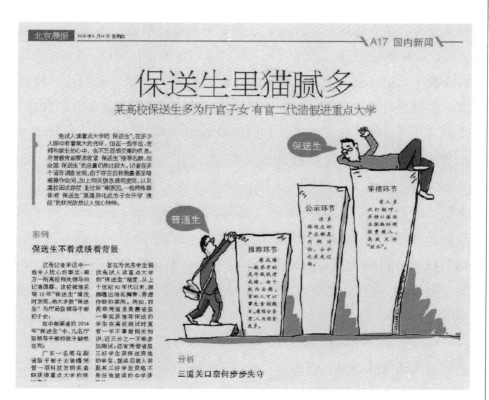

图 6-1

"记者在多个省市调查发现，由于存在自我裁量甚至暗箱操作空间，加上相关信息透明度低，以及高校面试存在'走过场'等原因，一些特殊群体将'保送生'渠道异化成为子女升学'捷径'的状况依然让人忧心忡忡。"

　　"东北大学一位不愿具名的官员坦言：'我们发现很多招上来的省优生，并不是我们想象中的那么优秀，从学生资料看，他们有深厚的家庭背景，中学校长可能也难抵压力。'"

　　"辽宁省教育厅一位退休领导说，如果看综合素质，学习成绩只要过得去就行，其人为因素更多，包括班主任的评价、校长的评价、社会政治背景等。"

　　有人说，国外的著名大学不就是参考推荐信和评语录取学生的吗？是的，在那些地方，老师、校长或专家是要对自己推荐的学生负责的，是要对自己所写的评语负责的，如果他推荐信瞎讲，评语乱写，那他的声誉很快就完了，以后再写什么推荐信和评语，也没人再理睬了，他的诚信记录上就会有一个大污点，他会为此付出很大的代价。我们这儿具备这样的条件吗？上面所说的那些弄虚作假的，你听说有几个被处理，有几个身败名裂啦！

　　此外，有些素质通过一次面试就能大体看出，例如谈吐举止是木讷还是机敏，沟通能力如何。但更多的素质要通过一段时间，甚至较长时间地仔细观察才能看出，例如责任心和上进心、团队精神、创新能力、钻劲、韧性等等。更有一些素质，要在特殊的情况下，甚至要在极端的情况下才能看出，例如遭受重大打击、突遇险情等等。

　　对一个学生来说，他还太年轻，除了学习以外，经历的事还太少，很多素质还没能充分表现出来，以至于无法"看出"。

　　更大的困难是我们无法制定一个能令大多数人信服的严格的统一的科学公平的标准，去量化、细化那些能够"看出"的素质。高校招生是选拔性的，这就必须要将考生进行排序，考试成绩如此，综合素质也不能例外，否则将无法操作。可是，试想一下，我们该怎样去将一个班上的 50 名学生按团队精神好差来排序？又该怎样去考查 50 名学生中谁的意志更坚强？甚至该怎样去考查 50 名学生中谁更忠于党、忠于祖国？也许，给这些素质制定一个标准，这本身就不科学！

不知大家有没有注意到高考中的一个细节，在高考的评分办法中，作文占 60 分，也就是说，再优秀的作文，最多也就 60 分，它与最差作文的差距不会超过 60 分，它与作文的平均分相差不会超过 30 分，一般是在 20 分上下。而数学考卷可不一样，一个优秀考生的成绩可能高出平均分 60 分左右。显然，这种评分办法不利于作文优秀的学生。我们知道，作文是很能反映一个学生的某些素质的，据说中国古代的科举考试往往就考一篇作文。为什么我们不将作文的分值增加呢？原因很简单，就是因为作文属于主观题，作文分数会因为阅卷老师的水平高低、个人喜好不同而有上下，所以一篇作文需两到三个老师批阅。天哪，如果要给涉及很多方面的综合素质打一个比较合理的分数，怕是没有五到十个公正而且有水平的老师，是不行的！

在这儿，我们还有必要再单独讨论一下身体素质。在一个人的所有的素质中，身体素质无疑是非常重要的，理应在综合素质中占据很大的比重。可是我们却从未对身体素质进行打分，并将它加入到高考的总分中去。有些省市曾在中考中加入体育考试成绩，但那所占的比重很小，与身体素质理应在综合素质中占据的比重很不相称，尽管如此，仍有很多人反对将体育考试成绩计入总分。

我们知道，体育考试的成绩和人的许多生理指标都是可以量化的，这些量化值，甚至比各学科的考试成绩更科学、更客观。然而，当用这些运动成绩和生理指标去评定健康的时候（除了挑选运动员或飞行员、潜水员等等外，对绝大多数学生而言，身体素质的最大含义就是健康情况），我们就发现，健康的指标是有一个范围的，在这个范围内，很难说指标值越高越好或越低越好。例如：血压（收缩压）110的比115的健康？115的又比120的健康？立定跳远2米5的一定比2米45的健康？2米45的一定比2米4的健康？所以，尽管运动成绩和生理指标是可以量化的，是科学的客观的，但用它们去给健康情况排序却是不科学的，何况运动成绩和生理指标实在太多，要将它们综合起来再打个分，以便将身体素质按优劣排序，这种做法更不合理。

教育是人的基本权利，即使不健康（例如残疾人）也绝不应该受到歧视，除了对身体条件确有要求的专业或工作岗位，其余都不应该考核身体素质。即使考核健康情况，也只能在健康与不健康之间画条粗略的线，而不可能用那些精确的生理指标来排序。

最近几年，社会上对高考、中考加分的非议越来越强烈了，各地也陆续出台了取消加分的规定。其实奥赛优胜者的加分并不是主要被炮轰的对象，人们真正反感的是什么三好学生、优秀班干部、文艺特长生、体育特长生等等的加分，因为大家已经从媒体上以及自己周围看到，这类被加分的学生中，弄虚作假的太多了。当前的社会环境，根本上不具备客观公正、公开公平地评价学生综合素质的条件。

我们暂时还无法做到在综合素质面前人人平等，又绝不该让权力、人情、金钱来干扰人人都应该享有的最基本的教育平等，那我们暂时就只能在分数面前人人平等。你说呢？所以，当有人批评我们的评价体系的时候，他也许忘了，像他这样的"有识之士"太多了！许多人也早已看出评价体系的问题了，也早就看透我们的"环境"了，只是始终未想出更好的办法来。这世上并非所有的事都是"破字当头，立也就在其中"的。

有意思的是，我们隔三岔五就能听到，一些地方"打破""唯分数论"的评价体系，创造了新型的综合素质考评的方法，引来媒体的一片叫好声，可是没多久就销声匿迹了，根本没有推广。除了是作秀外，没有任何实际意义，他们自己是不是真信，我们不知道，但我们知道更多的人是不相信的。"打破""唯分数论"？谈何容易！

　　文凭、学历都是分数的体现，重文凭、重学历等同于用分数评价学生，有人喜欢大声且严厉地质问：看一个人究竟是应该看重他的能力还是看重他的文凭？听到这种质问，我觉得好笑，不是笑他问得不对，而是笑他：你在问谁啊！有谁说过文凭重于能力了吗？我知道他要说，现在事实上不就是这样吗！是的，事实看来是如此。既然人人都知道能力肯定应该重于文凭，那为什么事实上又是只重视文凭呢？前面我们已经讨论过，对一个青年学生，排开文凭，我们该如何去看他的能力，我们用什么来证明该学生有能力还是无能力，是能力强还是能力弱。再说，前面我们也已经讨论过，文凭与能力，大体上还是成正比的，起码大部分不是成反比的，否则文凭早就不存在了。其实，国营单位暂且不论，单说私企，没有哪个老板在招聘员工的时候，会不在乎能力而只看重文凭，但是，除了文凭，再加上一段面试外，他们也没有什么好办法来测出年轻新员工的能力。因为能力这东西，不是在平淡的生活中以及很短的时间内可以看出来的。所以希望这些人，别再自以为是地提出这种家喻户晓的"真知灼见"了！

　　有一个城市制定了一个引进人才、接受应届毕业生、允许落户口的规定，标准是：本科以上。又有许多人对此提出了批评，说这是按文凭论人，还说按此种人才观，那比尔·盖茨也不算人才了？听到这种批评，我真怀疑批评者是否真要引进比尔·盖茨？对一个已经功成名就，早已得到社会认可的人才来说，只要他愿意去，大概任何一个城市都是欢迎的。可惜，这些功成名就的人才，绝大部分都早已有了适合自己的岗位。所以，这个城市制定的标准主要是针对大量的应届毕业生，应届毕业生只能说是潜在的人才，他们除了文凭，暂时还没有任何东西能证明自己是真正的人才。但有一点是肯定的：高文凭的应届毕业生群体中"潜伏"的人才，一定比低文凭的应届毕业生群体中"潜伏"的人才多很多。作为一个要引进人才的城市，自然愿意去引进、挖掘人才"富矿"，这难以理解吗？请问，像北京、上海这类大城市，已经到了可以彻底放开户口，谁想进来就进来的时候了吗？那么，难道它们不应该制定标准，不该画一条线？在这儿，不以文凭论人，那又该以什么来论人呢？

我国已经实行了公务员制度，现今的公务员大致就相当于过去的机关干部。我们知道，过去国家机关进人，都是"考察"，而不是"考试"，但如今已是"凡进必考"，比的就是考试成绩，这是一种进步，还是一种无奈？就我们的国情来说，尽管有些无奈，尽管人们还对其"面试"阶段的公平性抱有些许怀疑，"凡进必考"都应该视为一种进步，一种公平。

既然我们目前还无法用综合素质、用能力去评价一个学生，我们就只能用分数、用文凭、用学历去评价学生，不是谁在刻意这样做，甚至谁都不想这样做，但我们却不得不这样做！

要想根本改变这种所谓的"唯分数论"评价体系，估计比缩小贫富差距还要难，它涉及传统、习惯、制度、道德等一系列问题，所以不难想象，在相当长的时期内，我们还只能在分数面前人人平等！

七、过度竞争的后果

　　过度的竞争，使得很多好的设想无法推行，好的政策无法落实，许多严重的问题不仅无法解决，甚至不断加剧。

国家正走在改革的路上，社会阶层重新构建，收入分配不断调整，先富后富差距拉大，这造成了家长普遍的恐慌，为了不要落在最后面，家长带上学生展开了越来越激烈的竞争，而传统、制度和道德的缺陷又使我们无法客观公正全面地评价一个学生，那么相对比较客观刚性的分数就成了评价、选拔学生的最重要的标准。在小学和初中阶段，语文和数学是主要的考核指标，尽管上级部门三令五申严禁小升初考试，但在择校大战中，这些禁令形同虚设，各重点学校会想出各种花招考核学生，其中首选数学。既然是选拔，那么数学考题就一定要有难度，要比较"活"。这些比较"活"、比较难的数学题，被人称为"奥数题"。要想在这类考试中胜出，就得进行必要的训练，就要上奥数培训班，于是"全民奥数"就此展开。所有的孩子都去上奥数培训班了，你若想从中胜出，就得学得更难、更多……

这样的大背景，不仅能够解释奥数为什么热，同样可以解释中国教育的诸多不正常现象。

1. 沉重的学业负担。

过度竞争的最直接后果就是学生的学业负担过于沉重。

提高学生的学习成绩的方法有很多，而其中很重要的一条就是多做练习题，也就是多做作业。这不一定是最好的方法，也不是唯一的方法，但肯定是很有效的、也是必不可少的方法。这是教与学的内在规律所决定的。想仅仅通过上课听老师讲，不做或只做少量的练习，就能很好地掌握这门课程，除了极少数天资特别聪明的孩子，一般孩子怕是不可能做到的。"一分耕耘一分收获"，"天才出于勤奋"，学生多做练习题，可以加深对课堂学习内容的理解，同时提高做题的熟练度。

学生间激烈的竞争，必然会延伸到老师身上，把学生教好，是家长对老师的基本要求，一个老师好不好，就看你教出来的学生成绩好不好。要提高学生的成绩，老师首先想到的就是让学生多做作业，而且很多家长也是赞同的。这本来也没什么大错，但是，每门学科的老师都这么想，都这么做，甚至互相"争抢"学生的课外时间，学生的学业负担能不沉重吗？为了保证学生将尽可能多的时间用在学习上，许多学校都将学生的在校时间尽可能地延长。一个学生每天的学习时间长达十四五个小时，甚至连吃饭都要争分夺秒，这在我们这儿已经不足为奇，有的学校每星期只休息一天，甚至每个月只休息一两天，学生的学业负担几乎接近人能承受的极限。

对这种来自老师的"逼"，按理来说我们的教育主管部门是有能力干预的，例如我们经常会看到他们发文"严禁假期补课"，"严格限制中小学生在校时间"，"严格限制家庭作业量"等等，但是没有效果，最多也就那么一小阵子有所收敛。

不能说大量的作业没有用处，对于那些学习中等，身体也还挺得住的学生（学生中大多数应属此类），通过做大量的作业，他们的学习成绩确实有一定的提高。但这是付出身体代价换来的成绩，他们普遍用眼过度，缺少睡眠，更没有可能去游戏，去锻炼，去看其他课外书籍了。

即使是学习优秀的学生，尽管学有余力，但大量的作业占用他们太多的时间，过多重复的练习，对他们来说，是做无用功，对提高成绩无益，他们原来是可以省出时间去钻研更深的题目，去游戏，去锻炼，去看其他课外书籍，去想那些他们感兴趣的问题。

对于一些学习有较大困难的学生，大量的作业就是一种灾难。一个班级四五十个学生，学习能力学习成绩总是有相对的好、中、差之分，老师给学生上课，只能是按照班上多数中等生的情况进行讲解，这就难免有一些学生没有完全听懂。过去，老师都会在放学后留下这些学生来补补课，现在，学校里课程与作业安排得满满的，哪里还有时间给（相对）差的学生补课呀，这类学生的家长就只能自己想办法，利用晚上或是周末让孩子去上补习班，或者请家教。这些原本学习能力就偏弱的孩子，还要拿出更多的时间去补课，去追赶其他同学，负担之重可以想象，每天晚上学习到十一二点钟的，主要就是这类孩子，他们完全陷入了恶性循环之中，作业多，他们做得又慢，就总也做不完，严重影响睡眠，第二天昏昏沉沉，课也听不好，就更不会做题，做得更慢……

学校里的学习负担已经够重了，可是家长们心里依然不踏实，如果我们把学校的上课比喻成大众餐的话，很多家长担心营养不够，还想方设法在校外给孩子加营养餐，也就是让孩子上各种各样的培训班。其中最普遍最热门的就是奥数班，原因就是学奥数有多种"好处"，这些我们在前面已经详细讨论过。

"记者在北京、武汉、广州、南京等地调查发现，奥数班一直非常红火，有的孩子甚至在学前就开始报班了，有的孩子为了提高自己的竞争力，竟同时报了几个奥数班。"①

可是，如果不区分学生的理解接受能力，"全民学奥数"，一起追逐难题，奥数就成了很多孩子的噩梦。"奥数是一个让大部分孩子一次次证明自己是傻瓜的课程。"多数学生充满挫败感，自尊心自信心备受打击，完全失去了对数学的兴趣，从这个角度来讲，说奥数堪比黄、赌、毒真不为过。如果再遇到那些胡编的所谓奥数教材以及完全不够格的奥数老师，那更是百害而无一利了。

除了奥数班以外，还有很多其他的围绕主课开展的培训班，如作

---

① 经济利益催生奥数热. CCTV，经济半小时，2009－05－23.

文和英语。当然还有很多文体才艺等培训班，如乐器、歌舞、武术、棋类等等，这类本属于学生个人兴趣的文体特长，却因与升学挂钩而蒙上功利色彩。许多孩子四处奔波考级考证，并不是出于对艺术、体育的真正热爱，而是为了在升学择校的时候有更多的筹码。

古希腊哲学家亚里士多德说过，科学的起源和发展，有三个基本条件：好奇、闲暇和自由。过重的学业负担扼杀了学生的好奇心，剥夺了学生的闲暇时间，禁锢了学生自由的想象。整天忙于作业的学生，几乎没有多余的时间去读优秀的课外读物，去思考自己感兴趣的问题，知识面狭窄，缺乏想象力，缺乏创新的冲动与能力。

过重的学业负担严重影响了学生的身体健康，他们往往体质弱，近视眼多。同时，学生的自理能力和动手能力普遍很差，社会交往能力也明显偏差，这些都是有目共睹的。至于长远的后果，难以估量，这不仅关系到孩子的一生，也关系到整个国家民族的前程。

五十多年前，毛泽东主席就多次严厉批评过学生负担过重的现象，那之后，国家领导人、教育主管部门、专家学者都一再强调要给学生减负，几十年过去了，学生负担非但没有减轻，反而越来越重。开了无数的药方，却从来没见吃好过，为什么？主要原因就是学生之间的竞争越来越激烈了，家长和学生唯恐落后，几乎拼尽全力。

2. 疯狂的择校。

为了自己的孩子能够在竞争中获胜，绝大多数家长选择的方式高度一致：上一所好的小学，上一所好的初中，上一所好的高中，直至上一所好的大学。从好的大学毕业，然后够找到一个好的工作。总之一句话，就是要上好学校，这期间，一旦脱离了轨道，就再难追赶上去了。

上好学校有如此重要吗？普通学校里的孩子难道就没有再考上好学校的吗？名牌大学里不是也有从偏远地区考进的寒门学子吗？

有！确实有个别的从普通小学毕业的学生考上了重点初中，有个别的从普通初中毕业的学生考上了重点高中，也确实有偏远地区的寒门学子考进了北大和清华，但那是个别现象，而且这种情况正越来越少。你觉得你的孩子有可能就是这极个别的优秀学生之一吗？你有这个自信让你的孩子在普通学校上小学和初中，甚至上普通高中，然后考进名牌大学吗？

选择再怎么好的学校，最后还是得靠学生自己在升学考试的时候考出好成绩，所以有人就说，学校好不好无所谓，关键靠自己。这句话说对了一半，自己的努力是必需的，但是好成绩不仅与自己有关，也和老师有关。

"名师出高徒"，同样的学科，有的老师讲解死板，索然无味，而有的老师讲课生动活泼，深入浅出，能激发学生的学习兴趣。同样的一节课时间，优秀老师所讲的，学生听得懂学得进，学习的效果好效率高，这在学业负担重，学习时间不够用的现状下，尤显重要。对有些学生的疑问，差的老师责怪学生讲不清，"不懂不懂，到底哪儿不懂？不知道你要问什么！"好的老师就能准确判断出该学生想问的是什么，知道问题出在哪儿。好的老师对不同的学生有不同的方法，因材施教，爱护而不是挫伤学生的学习积极性。在教学方法上，有的老师只会灌输，而好的老师则善于启发。

同样的学生，同样的努力，上一个好老师的课，相比较于上一个差老师的课，学习成绩肯定会有高低不同。重点学校就集中了一批优秀的教师，包括优秀的校领导。

由于重点学校的学生是经过选拔的，这些学生大多喜爱学习，整个学校的学习风气也好。而一些"差"校，从校长到老师再到学生，认为自己已被淘汰出局，反正也没有多大出息，自暴自弃，不好好管理，不好好教课，不好好学习。我们从电视或报纸上看到的那些老师体罚学生的事件，那些校园暴力事件，大多发生在所谓的"差"校，在这样的环境里，要想独自搞好学习，真是一件挺不容易的事。

本来，对于一所学校的评价应该是多方面的，指标应该很多，但是，就像前面我们讨论过的，如今对学生的评价，就是看学习成绩，就是看分数，那么对学校的评价也就只能是看分数，看升学率。对小学来说，就是看每年升入重点初中的学生多不多，对初中来说，就是看每年升入重点高中的学生多不多，对高中来说，就是看每年升入重点大学的学生多不多，升学率高的学校就是好学校。家长的愿望就是要让孩子从好小学一直上到好大学，升学率无疑就是最高标准，甚至是唯一的标准。重点学校的升学率高，这是众所周知的，它注定要成为家长追逐的对象。

有很多事情可以让孩子去试试，不要怕失败，失败了可以再重新开始。但是，上学的事情最好还是别去试试，给孩子随便挑一所学校，等发现孩子学习出了问题后，再重新选择一所重点学校，那很可能就晚了。在学习成绩如此重要的情况下，尽可能地让自己的孩子上一所好学校，有好的校长领导，有好的老师教课，周围又都是爱学习的同学，这肯定是正确的选择。

几乎所有的家长都是这么想的，都希望自己的孩子能进重点学校，可是重点学校毕竟是少数，怎么办？

21世纪教育研究院课题组2011年8月发表的《北京市"小升初"择校热的治理：路在何方？》（图7－1）报告中对择校现象作了详细的描述，进行了深刻的分析和强力的抨击：

"一年一度的'小升初'大战如火如荼，众多家长和学生为获得名校的教育机会全家总动员，夜以继日，焦心如焚。"

"隐性和变相的考试已经压倒了免试入学，以权择校、以钱择校、以优择校成为正式制度。多年来，'小升初'乱象不仅没有得到有效治理，反而更加复杂混乱、五花八门，让家长和学生茫然无措、不堪重负。"

图 7－1

"'五年级统测'，在很大程度上已经演变为提前进行的'选拔性小学毕业考试'，推优、特长生等方式所隐含的考试入学模式压倒了免试入学的原则。"

"各种形式的'小升初'方式不同程度地成为权势阶层子弟享用的通道，上名校越来越成为家长金钱和权力的竞争，甚至一些学校明确提出'考家长'的要求，排拒那些普通教育程度的家长。本应以改善促进教育公平为旨的义务教育，成为凝固和强化阶层差距的工具，从而违背了《义务教育法》，实质性地损害了教育公平。"

"在'小升初'揭晓后，即使'择'到了重点中学，家长和学生也不能松口气，因为要马上面对初一入学前的分班考试，若进不了实验班、重点班，便丧失了专门培养的机会。"

"从'择校'深化至'择班'，蔓延到'幼升小'。"

"普通家长则不惜抛重金带着孩子奔波在'金坑'、'银坑'之间，不惜牺牲孩子的身心健康。全家人的生活都围绕着孩子的考试、获奖、评优，耳提面命地训诫孩子，误导他们形成分数至上、名校至上的功利主义价值观。"

"家庭教育被绑架，家庭成为学校和培训班课堂的延伸，沦为应试教育的帮凶。这一现实也在扭曲社会整体的价值观。"

"为此，家长深感纠结，自叹成为'小升初的奴隶'，丧失个体尊严，'已到不惑之年，不惜颜面为孩子上学的事送礼求人'。"

"畸形的择校竞争，最大的受害者是小学生。课程多、教材深，作业量大、考试频繁，课外辅导、能力证书，孩子学习时间过长，甚至连双休日和寒暑假休息的权利也难以保障。"

"择校竞争必须增加区分度、不断下放和加深学科难度，使学科教育日益成为解题技巧和考试技能的严酷训练，将应试教育推向'竞技教育'的新阶段。"

"原本属于学生个人兴趣的文体特长，却因与升学挂钩而蒙上功利色彩。许多孩子四处奔波考级考证，并不是出于对艺术、体育的真正热爱。牺牲儿童的睡眠、休息，透支儿童的体能、智力，忽略人格养成和个性发展的早期教育、智力开发、早培计划，是以牺牲孩子的好奇心、想象力，磨灭孩子的学习动机和创新能力为代价的，它导致了小学生的严重厌学。"

"巨额的择校费、沉重的学业负担，成为北京市基础教育久治不愈的痼疾，也是公众反映最为强烈的社会问题。"

择校以后，为了方便孩子的学习，许多家长在学校附近买房或租房，直接推高了学区的房价和租金，一般家庭经济上也是不堪重负。

"到六年级时花了几十万的家庭大有人在。""北京小升初竞争的残忍，接近人的接受底线。"①

---

① "小升初"利益链能否斩断. 南方周末，2012 - 03 - 23.

3. 愈演愈烈的生源大战。

不要以为家长们疯狂地择校，重点学校就可以坐等学生上门了，一座城市里，重点学校并非"独此一家，别无分店"，重点学校之间也有竞争，而且也非常激烈，另外，有些非重点学校也不甘落后，想方设法要与重点学校争一块"蛋糕"。

稍懂点教育的人大概都会知道，要把一个学习成绩较差的学生，在一定时期内培养成一个学习成绩很好的学生，非常困难，而把一个学习成绩好的学生，在一定时期内培养成一个学习成绩更好的学生，相对要容易得多。所以，单从学习成绩上讲，把成绩优秀的学生招进来，培养几年再送出去，是成本最少且成功率最高的做法。优秀的生源就是名校的生命线，它关系到学校的前途，领导和老师的名声以及他们的收入，因此，所有的学校都希望招收学习成绩优秀的学生，好生源就是高升学率的保障，"掐尖"成为重点学校的核心竞争手段。但是，不是所有的学校都有这个"掐尖"资格，或者说，都有首批"掐尖"的资格。

大学是可以"掐尖"的，考生可以有选择地填报志愿，学校则可以有批次地按高考成绩进行"掐尖"，这是公开的，允许的，因为这些考生已经是成人了。

高中招生也是可以"掐尖"的，高中不属于义务教育阶段，初中毕业的孩子也具备了一定的认知与自主能力，接近成熟了。但是绝大多数高中只被允许在一个不太大的行政区域内，按批次按志愿按中考成绩进行"掐尖"。

我们看到，对一些特别优秀的尖子生，一些大学、高中甚至拿出数万元作为奖学金，来进行奖励，为的是以后吸引更多特别优秀的学生。

在义务教育阶段，国家基本上是不允许"掐尖"的，在这个阶段最重要的是"公平"，教育起点的公平，要平等地对待每一个孩子，强调的是"就近入学"。可是，由于竞争的压力，择校与生源大战依然在进行，而且愈演愈烈，不仅存在于"小升初"，甚至延伸到"幼升小"。

"在'小升初'的升学竞争中，少数重点学校形成了自身重大的特殊利益。通过升学率、'北清率'攀比而获得的社会声誉，可以攫取更多的择校生生源和巨额择校费；而提高升学率主要靠挖优秀生源，人为地将好学生集中在一起，形成重点学校教学质量高的假象，依据这一假象将学校分为三六九等，再进行新一轮的掐尖。不遗余力地扩大选拔范围、利用各种'早培计划'提前掐尖，便成为重点学校共同的发展策略。"①

"根据调查走访，北京市重点小学的'幼升小'全部都在举行选拔性测试，内容包括数学、识字、特长等，有的学校还要单独考家长，了解家长的教育程度和职业背景，测试家长是否具备能够辅导儿童的知识水平。"②

优质生源具有强大的社会效益。招进来的学生越优秀，毕业后考上名校的比例就会越高，社会对学校的认可度也相应地水涨船高，生源也就会更加有保证。

"名校出于自身利益的提前掐尖，致使升学竞争不断提前，恶化了基础教育秩序，加剧了家长的集体恐慌。"③

一些学校的招生广告中，自我吹嘘，言过其实，无中生有，严重地欺骗了考生及家长。少数学校相互攻击诋毁，不但严重影响学校与学校之间的关系，也污染了社会风气。一些学校为了拉生源，采取各种手段请客送礼，滋长了不良的社会风气。某些教师见利忘义，对不谙世故的学生以及对招生情况缺乏了解的家长进行误导、诱骗，从中

① 21世纪教育研究院. 北京市"小升初"择校热的治理：路在何方?. 2011 - 08 - 29.

② 同上.

③ 同上.

牟利，玷污了教师的形象。

伴随着"抢生源"的另一种现象便是"抢师资"，毕竟优秀的学生还需要有优秀的教师授课调教，而吸引优秀教师的重要条件自然是离不开好的待遇。"抢师资"现象在很多地方似乎已经成为一种潮流，已经成为教育行政部门十分头疼的问题。对于某些学校来说，优秀师资的流失可能比优秀生源的流失，危害更大更明显。有了好生源，有了优秀的师资，学校的升学率就有了保障。"那些'后进生'、'学困生'被认为拉了学校升学率的后腿，轻则放任不管，劝退、转学的事也时有发生。"①

4. 无法均衡的教育资源。

"好"学校"差"学校的区别在哪儿？区别既有教学条件、教学设备等看得见的硬件，更有师资的差异，课程设置的差异，学校管理理念与水平的差异，甚至是国际交流的深度、广度的差异，以及由这些软件差异带来的学生发展的差异、升入上一级优质学校比例的差异，继而是进入清华北大这些国内一流高校人数的差异。

在义务教育阶段，重点学校制度的不合理之处，就在于把本应面向全体公民的教育分成三六九等，教育资源优先向重点学校倾斜，普通学校资源严重匮乏，用全体纳税人的钱办面向少数人的"精英教育"。现如今，随着社会的发展，教育已经日益普及，教育的公平性得到了越来越多的人的重视，重点学校已经渐渐失去了存在的合理性。

眼下，疯狂的择校以及愈演愈烈的生源大战，就是"重点学校"制度造成的，如果取消了"重点学校"，就不会再有择校竞争，也就不会再有生源大战，所以关键还在平衡教育资源。

---

① 21世纪教育研究院. 北京市"小升初"择校热的治理：路在何方?. 2011-08-29.

这没说错，政府确实可以通过行政手段强行平衡各学校的优劣，使它们之间的差距变得尽可能小。按理说要做到这一点不应该有太大的困难，但是，在如今过度激烈的竞争环境下，很多合理的设想，都难以奏效，因为要知道，任何事情，平衡总是相对的，而不平衡则是绝对的，再怎么平衡教育资源，差别总还是会有的。家长们一定会想方设法去发现并选择其中略显优秀的学校，在同一个学校里发现并选择略显优秀的班级，用不了几年，通过"良性循环"，原来略显优秀的学校或班级很快就会"脱颖而出"。**激烈的竞争会放大微小的差距。**如果我们为了对付这种"脱颖而出"，经常不断地用行政手段强行平衡各学校、各班级的优劣，那我们的教育环境可能就被彻底搞乱了。

教育资源不平衡逼得家长择校，择校和生源大战又使得教育资源更加不平衡，在这样的循环上升过程中，因果互换，许多人就难以区分哪一个原因是最根本的。在我们国家，由于重点学校早就存在，教育资源从来就是不平衡的，所以很多人把这当成了主因。其实只要仔细分析一下就会发现，如果不是因为社会贫富、社会阶层的差距太大，导致家长的普遍恐慌，择校一定不会如此疯狂。假如预见到将来，初中毕业生就业后收入虽然普遍低于高中毕业生，高中毕业生就业后收入虽然普遍低于大学毕业生，但差距不大，在家长和学生可以承受认可的范围内，那么，现在能选择进入一所好学校当然最好，进不了也就算了，要为此付出孩子的健康与快乐，付出那么多财力与精力，不值得。

现在，家长们看到社会贫富、社会阶层的差距这么大，远远超出可以接受的范围，他们觉得，为了孩子的未来，即使牺牲孩子的健康与快乐，牺牲家庭的财力与精力，都是值得的，必须的，那不难想象，他们择校时一定会拼尽全力，"疯狂"也就可以理解了。所以，在这个疯狂的循环中，择校的愿望才是主要原因，**早就存在的重点学校制度只是给"择校"与"掐尖"提供了一个"高起点"，使得教育资源在原先就很不平衡的基础上变得更加不平衡了。**

要想使这个循环停止，只靠强力平衡教育资源是不能从根本上解决问题的，更需要解决的是疯狂的择校愿望，至于为什么择校的愿望这么强烈，前面我们已经分析过，那是家长对落后的恐惧。

　　疯狂择校和生源大战最直接的危害，就是加剧了学校之间的"马太效应"，"好学校"由于教学质量好升学率高而吸引大量的优秀生源，优秀生源又保证了更好的办学质量、更高的升学率，形成良性循环，为了应对越来越多的择校生，重点学校冒着政策风险拼命扩班。而"差学校"则陷入恶性循环不能自拔，学生大量流失，面临办不下去的危险。重点学校与薄弱学校间的差距越来越大，正是在这样的背景下，"超级中学"出现了。

　　所谓"超级中学"就是这些中学规模巨大，如衡水中学高一就约有60个班，生源来自河北全省及全国各地。安徽的毛坦厂中学每年的毕业生（包括复读生）有上万人，2013年送考时，共组织了70辆大巴车，场面蔚为壮观（图7-2）。

图 7-2

"超级中学"每年都能取得很好的高考成绩。"2010年清华、北大在陕西地区自主招生的98.9%、保送的97.3%被五所名校垄断，今年也不例外，北大、清华在陕西一共招收了236名学生，而这其中西北工业大学附中就贡献了84人，比例占到了36%。"①

但是"超级中学"凭借的不是公平竞争，而是凭借违规招生、提前掐尖的特权，凭借权力和金钱的优势，集中了优秀的老师与学生。这种做法破坏了地区整体的教育生态，"竖起一杆旗，倒掉一大片"，以大多数学校的衰落来不断造就少数名校的脱颖而出。在这种比拼中，薄弱学校的学生大量流失，面临办不下去的危险，"超级中学"则冒着政策风险拼命扩班，教育资源更加不平衡。

这些建在地级市和省会的"超级中学"，由于远离农村，教育成本更高，必然导致农村学生的上学困难，众多普通中学的凋敝，也会导致农村学生的流失和减少。

学校规模过大必然引起教育功能、教育品质的异化，校园安全成为最重要的目标，学校必须严格管束，防患于未然，有的学校甚至将教学楼外及楼道全部用不锈钢防盗网格封闭起来，这些做法损害了学生的生理与心理健康，限制了学生个性的发展。

不仅有"超级中学"，连小学也有超级的。"以扩大'优质教育资源'为旨，北京市投巨资打造了一批超高标准、超大规模的'超级学校'。中关村第三小学在校生超过6 000人，由于学生人数过多，规定课间学生不得下楼、不得跑动等，出现了许多'反教育'的行为。中关村一小、二小和三小就近入学的比例均不超过50%。实验二小、史家胡同小学的学生非富即贵，成为以招收择校生为主的'贵族学校'。"②

---

① 奥数班：如何说再见?. 央视新闻1+1，2011-08-27.
② 21世纪教育研究院. 北京市"小升初"择校热的治理：路在何方?. 2011-08-29.

"这些被家长称为'牛小'的小学究竟有多牛，可以从以下事例中窥得：其教学实验设备多是从英国进口的，校庆仪式在人民大会堂举行，运动会在奥运会主场馆鸟巢举行，学生文艺表演在国家大剧院举行。"①

　　教育资源的不平衡，不仅发生在学校与学校之间，还普遍存在于各学校内部，那就是"重点班、快班、实验班"。

　　在好学校里，优秀的老师虽然较多，但也不可能个个都优秀，再说，优秀的老师中还存在更优秀的老师呢。学生也是一样，优秀的学生中还有更优秀的。另外，好学校追求的目标也更高。至于相对较差的学校，资源有限，就更有必要将优质资源集中到一起了。重点班的学生无疑就是校长手中的"王牌"，是学校取得高升学率的有力法宝。

　　一切都是为了确保学校的升学率，所以尽管教育主管部门三令五申，但各学校还是会巧立名目办"重点班、快班、实验班"，选择最优秀的一小批学生，配备全校最好的老师，重点进行培养教学。

　　设置"重点班、快班、实验班"的危害无需细说，它摧毁了教育的公平，使一小部分受教育群体享有优质的教育资源和条件，而大部分受教育群体则无缘享有。能够获得尽可能的发展和成长的仅是小部分"精英群体"，作为"普通群体"的大多数受到的是冷落和遗忘。它扭曲了学生的心理。"快班"的学生，在"自傲"的同时，肩负着为学校"创优"的担子，竞争激烈，压力自然非同一般；而身在"慢班"的大部分学生则会觉得受到了歧视，受到了侮辱。快慢班分类了学生，也分类了教师，造成了教师中的等级制，当然也严重挫伤了家长的自尊心。

---

①　21世纪教育研究院. 北京市"小升初"择校热的治理：路在何方？. 2011-08-29.

5. 不断前移的起跑线。

"不要让孩子输在起跑线上",这是绝大多数家长的明确态度。有学者鄙视这种观念,说什么"赢在起跑线则输在终点线"。是这样吗?赢在起跑线不见得就一定会赢在终点线,但赢在起跑线毕竟占了先机,而输在起跑线上的孩子,日后要想追上并超过其他孩子赢在终点线,则要付出更大的努力才有可能。许许多多的事实证明,赢在起跑线又赢在终点线的是多数,赢在起跑线却输在终点线的是少数,输在起跑线却能赢在终点线的则更是极少数。家长们不会不明白这个简单的道理,没有几个家长有足够的自信,会不在乎自己孩子在起跑的时候落在后面。假如他坚信孩子虽然起跑时暂时落后,最后却一定是会跑到队伍前面的,那他的理由是什么呢?是坚信"兔子肯定会睡觉的"吗?

起跑线上的差距有这么重要吗?有这么一个关于加拿大冰球国家队的故事,研究者发现,"在这些国家队选手中有一个规律性现象——他们大部分人都出生在1、2月份,很少有在年底出生的。之所以出现这种现象,是因为在加拿大这个冰球运动狂热的国家,教练们会挑选9到10岁的小选手组成'巡回赛小组',而分组的时间界线恰好是1月1日,换句话说,1月1日到当年12月31日之间出生的球员会被分在一组。对10来岁的孩子来说,几个月的年龄差距还是很明显的,那些大月份出生的小孩发育更成熟,更容易在同组竞争中胜出。而一个小选手一旦被选中,他将拥有更好的教练、更出色的队友,参加更多的比赛。久而久之,这些孩子的成绩会越来越好,其中最优秀的一部分人就进入到国家队。大月份出生的运动员从一开始幸运地获得了那些微小的机会,并通过努力逐渐把这些机会累积成自己的优势,最终成为国家队选手。这个规律不仅存在于加拿大冰球运动中,在美国的棒球运动、欧洲的足球运动甚至在学校教育中也有类似现象。这告诉我们,每件事情的起步阶段都很重要。"①

　　清华大学陈吉宁校长讲这个故事，是为了寄语毕业生"从小事做起，从现在做起，从身边的一点一滴做起"，但这个故事恰恰更好地说明，一件事的起步阶段是非常重要的。一个孩子在小学一年级的时候，如果成绩比其他同学略好一点，他就很可能获得比别的孩子稍多一点的表扬。表扬对于一个人，尤其是对于一个孩子有很强的促进作用，这些无须我在此多说，我要说的是，这些通过比较而获得的表扬，比起家长在家里不停地说"宝宝真棒"要真实，更能深入到孩子的心里。成绩比其他同学略好一些的孩子，可能会更喜欢这些课程，可能会更专心地听讲，可能更喜欢举手回答问题，会更多地被老师关注和提问。当然这都是"可能"，在小学一年级学习成绩比其他同学略好一点的孩子，未必能一直保持好的学习成绩，但是，那些后来的"学霸"，绝大多数在最初的时候，学习成绩就略胜于其他同学，这是没有疑问的。

　　人生原本类似一次长跑，各跑各的，没有必要去比谁快谁慢。但在我们这儿，不比不行。比就比吧，如果是正常的普通的比赛，除了少数想夺冠军的优秀运动员，会在意起跑阶段的快慢，对于大多数普通运动员来说，起跑阶段还真不是非常重要，最正确的做法就是按自己的节奏和能力跑，只要不放弃，最终一定会取得好成绩。相反倒是有些人因为起跑阶段跑得过快，没了后劲，最后输得很惨。

　　可是现在的孩子面对的不是正常的普通的竞赛，而是一场不断筛选、在每一个阶段都万万不可落后的疯狂竞赛，是需要一路狂奔的竞赛。在这样的情势下，有多少家长能无视起跑线呢？

　　二十多年前，所谓的起跑线还在高考前不久，因为那时高一的学

---

① 　摘自清华大学校长陈吉宁于 2015 年 1 月 27 日在清华大学 2015 年第一次研究生毕业典礼暨学位授予仪式上的讲话.

生还感觉不到有什么压力，渐渐地，起跑线前移到中考前了，学生一进入初三就马上感受到一种无形的压力，再后来，小学高年级的学生越来越有压力了，"小升初"的竞争加剧了，现在，连刚上幼儿园的孩子的家长都充满焦虑。甚至于刚生了孩子的年轻爸妈就着急地考虑在哪儿买学区房了。

怎样才能不输在起跑线上？没有什么好办法，就是提前学。于是，初中生学高中才会教的知识，小学生学初中的知识，幼儿园的孩子也开始学小学一二年级的知识，甚至出现"奥数化"的苗头。拔苗助长，完全无视教育的规律，无视孩子的接受能力。

刚起跑就狂奔，短期看是有效的，但长期看则非常有害。明白了这个道理，是不是就应该沉住气，不要让自己的孩子参与最初的狂奔呢？可悲的是，不能。比如说，如果你的孩子在学龄前只是快乐地做游戏、玩耍，没有学那些唐诗啦、算术啦、英语啦，而其他大多数孩子都学了，那你的孩子怎么去表现得比别的孩子优秀呢？你的孩子很可能就不能被重点小学"录取"，甚至上了一所普通小学后还进不了实验班，你的孩子就享受不到优质的教育资源。此外，进了一年级，语文、算术、英语，老师当然会从头教起，可是因为大多数孩子都学过了，老师就会加快教学进度，加深难度，正常的教学规律被打破了，你的孩子很可能就不适应，追赶得很吃力，甚至给老师和同学一种"笨"的印象，这将很不利于孩子的成长。所以，如果没有足够的底气和背景，你无法不让你的孩子和其他绝大多数孩子一样，提前学习，尽可能早地开始狂奔，完全就是身不由己。

6. 难以推行的素质教育。

素质教育我们已经喊了很多年，大家也不是不懂素质教育的重要性，都希望能变应试教育为素质教育，但是在现今的大环境下，这种改变几无可能。

学习不是为了考试，但考试是为了检查学生学习得怎么样，既然考试能检查出学生学习得怎么样，那么考试结果就有了评价学生的意义。现在，这种评价关系到学生的升学、就业，决定着学生将来的收入以及社会地位。

　　在社会阶层、社会贫富差距很大的今天，考试以及分数是这样重要，我们又怎么可能不搞应试教育呢？

　　应试教育与素质教育的区别在哪儿？大多数人未必分得很清楚，什么样的数学课算是应试教育？怎样上数学课才是素质教育呢？就单科而言很难区分。我们只能从总体教育上，进行一个粗略的区分，就是说，一个学校，不仅让学生学数理化、文史哲，还要学美术音乐，也要上体育课以及参加每天的体育活动，当然还有思想品德以及劳动教育，这就应该算是素质教育吧。如果只教与高考有关的科目，其他不教，或者放任自流，那就属于应试教育。

　　如果不是教育主管部门严厉督促各学校必须上体育艺术及劳动等课程，估计绝大多数学校都会放弃这些与高考不直接相关的科目，因为我们看到，在这样严厉的督促之下，依然有很多学校偷偷地任由主课老师去占用那些副课的时间。"不得随意增加考试科目的课时，也不得随意减少非考试科目的教学时间。"[①] 教育主管部门的三令五申，恰恰证明了要推行素质教育是多么困难。

　　当然，总还是有人不服气，不相信素质教育搞不起来。我们确实也隔三岔五地看到听到有些学校搞素质教育，一时间也能轰轰烈烈，甚至宣称搞了素质教育后，学习成绩也上去了，但有持久的吗？推广了吗？

　　既然我们目前还无法用综合素质、用能力去评价一个学生，素质

---

① 教育部关于贯彻《义务教育法》进一步规范义务教育办学行为的若干意见．2006－08－24．

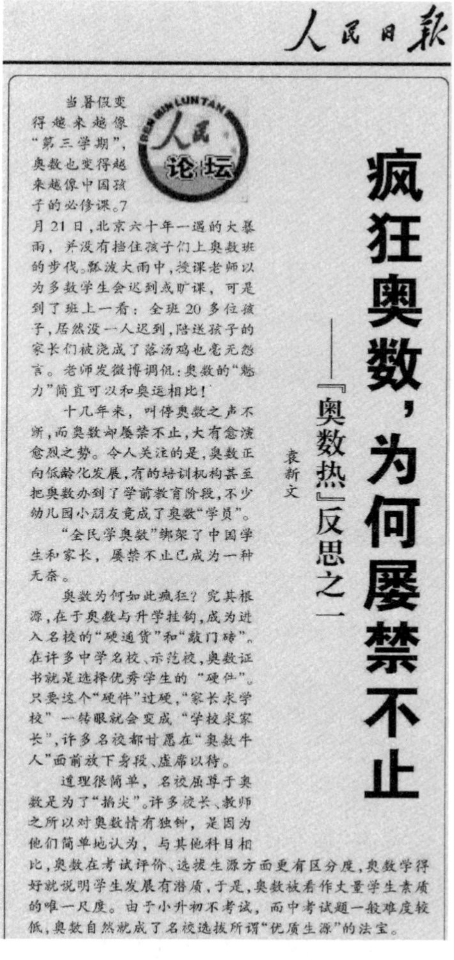

七、过度竞争的后果

人民日报

疯狂奥数，为何屡禁不止

——『奥数热』反思之一

袁新文

当暑假变得越来越像"第三学期"，奥数也变得越来越像中国孩子的必修课。7月21日，北京六十年一遇的大暴雨，并没有挡住孩子们上奥数班的步伐。瓢泼大雨中，授课老师以为多数学生会迟到或旷课，可是到了班上一看：全班20多位孩子，居然没一人迟到，陪送孩子的家长们被浇成了落汤鸡也毫无怨言。老师发微博调侃：奥数的"魅力"简直可以和奥运相比！

十几年来，叫停奥数之声不断，而奥数却屡禁不止，大有愈演愈烈之势。令人关注的是，奥数正向低龄化发展，有的培训机构甚至把奥数办到了学前教育阶段，不少幼儿园小朋友竟成了奥数"学员"。

"全民学奥数"绑架了中国学生和家长，屡禁不止已成为一种无奈。

奥数为何如此疯狂？究其根源，在于奥数与升学挂钩，成为进入名校的"硬通货"和"敲门砖"。在许多中学名校、示范校，奥数证书就是选择优秀学生的"硬件"。只要这个"硬件"过硬，"家长求学校"一转眼就会变成"学校求家长"，许多名校都甘愿在"奥数牛人"面前放下身段、虚席以待。

道理很简单，名校屈尊于奥数是为了"拔尖"。许多校长、教师之所以对奥数情有独钟，是因为他们简单地认为，与其他科目相比，奥数在考试评价、选拔生源方面更有区分度，奥数学得好就说明学生发展有潜质，于是，奥数被看作衡量学生素质的唯一尺度。由于小升初不考试，而中考试题一般难度较低，奥数自然就成了名校选拔所谓"优质生源"的法宝。

图 7-3

教育就必然成为一句空话，相反，因为搞素质教育也需要占用学生的时间，会影响应试教育，于是，某城市曾经因为高考成绩不如省内那些"死揪"的市县好，而专门讨论过"高考之痛"；也曾经有老师沉痛地向家长道歉，表示再不搞素质教育了。

其实，家长们何尝不知道素质教育的重要性，教师们（他们中间的大部分本身也是家长）又何尝不知道素质教育的重要性。只要看看那些幼儿的家长，你就会明白了：一个家长看到自己的孩子比别的孩子强壮，比别的孩子胆大，比别的孩子活泼，比别的孩子会说会唱，甚至比别的孩子淘气调皮，都会由衷地高兴。你相信他们会愿意看到自己的孩子不久以后被繁重的学业压得喘不过气来吗？

素质教育是我们的一个美好愿望，但是，它暂时还无法取代应试教育！我们还是现实一点吧，空喊是没有任何意义的，因为考试，特别是升学考试实在是太重要了。

至于是启发式教育，还是死记硬背、填鸭式教育，那是教育手段教育方式的问题，因老师个人的素质不同而不同。好的教育方式一定是启发式的，死记硬背、填鸭式教育只会误人子弟，优秀的老师大多都采用启发式教育，受到学生及其家长的欢迎，不过他们基本都集中在重点学校，你看，是不是必须择校呢？

还有因材施教的问题，只有不把考试作为最终的评价手段，才有可能因材施教。像现在我们这样的大一统考试，五六十人的大班制，也无法做到因材施教。目前，这件事只有靠家长自己掌握了，可惜很多家长并不具备这样的能力。

7. 撼不动的高考制度。

高考是一个人的学生时代最为重要的一场考试，如果能在这场考试中发挥得好，能考进好大学，那离好工作就不远了。中国的大一统高考，严密、客观、公正，经过高考选拔出来的学生，总体上讲都是比较优秀的，这样的选拔方式得到了广泛的认可。

但是，高考的局限性也是显而易见的，在有限的时间和有限的科目中，很难全面反映出学生的知识状况。由于高考的高利害性和高敏感性，给学生的压力太大，再加上其他各种各样的原因，并非每一个成绩优秀的学生都能正常发挥，并非每一个才识过人的考生都能金榜题名。

这样的考试选拔模式，综合分数成了唯一的标准，它无法顾及学生的其他重要素质。用几门学科的综合分数考查学生，往往埋没了个别偏科的天才。

由于中国地域辽阔，各地经济及教育发展很不平衡，貌似公平的大一统考试对不同地域的学生，其实是欠公平的。

作为一种"指挥棒"，这样单一的考试方式，难免会引导学生追求标准答案，不利于培养学生的质疑精神和另类思维，制约了学生的想象力和创造力。

如何克服高考的弊端，历来是教育界人士乃至全社会非常关注的问题。在最近的二十多年里，高考改革方案不断出台，什么"3＋综合"，"3＋X"，分省出考卷，等等，乃至每一届学生都觉得自己是实验品，但改来改去，没有任何实质性的变化，学生的学业负担依然沉重，高考的分数依然是招生的绝对标准，倒是老师和学生被一次次的"改革"折腾得不轻。

平心而论，高考的改革，不是没有好的方案，例如保送、高考加分和自主招生，如果能很好执行，确实可以弥补大一统高考的不足。可是实践的结果怎么样呢？为什么好方案却没有好结果呢？

为了不让那些某一学科特别优秀而综合分数略差的学生落选，给一部分在全国性学科竞赛中获奖的学生加分；为了鼓励和促进学生全面发展、个性发展，对达到一定级别的文艺体育特长生给予加分；为了吸纳有很好的组织才能，具有"领袖"潜质的学生，给三好生、优秀班干部加分，或者直接保送上高中、上大学，这都是对"唯分数"的很好补充，是在目前应试教育体制下，鼓励学生注重全面素质提高的一项措施。可是，由于竞争的过于激烈，高考招生实在太重要，又由于我们还不具备客观公正和科学评价学生的综合素质的条件，很多家长为了让自己的孩子获得加分或保送，不择手段，钻尽漏洞，弄虚作假。尤其是主观性较强难以量化的什么三好生、优秀班干部、文艺特长生、体育特长生等等，更是容易被权力与金钱左右，成为作假的重灾区，破坏了高招的公平性，引起了社会上极大的不满。最近几年，这类加分和保送已经被陆续取消了。

2010年，教育部等部门发文，调整加分政策："参加由中国科学技术协会主办的全国中学生（数学、物理、化学、生物学、信息学）奥林匹克竞赛获得全国决赛一、二、三等奖的学生，应届毕业当年由生源所在地省级高校招生委员会决定是否在其高考成绩基础上增加不超过20分向高校投档，不再具备高校招生保送资格；获得全国中学生奥林匹克竞赛省赛区一等奖的学生，不再具备高校招生保送资格和高考加分资格。"2014年年底，教育部等部门再次发文，进一步减少和规范高考加分项目和分值："取消中学生学科奥林匹克竞赛加分项目。在高级中等教育阶段获得全国中学生（数学、物理、化学、生物学、信息学）奥林匹克竞赛全国决赛一、二、三等奖的考生，不再具备高考加分资格。"这算什么？严格地讲，这是一种向单一分数评价体系的倒退，但这是一种无奈的倒退！

和高考加分政策差不多命运的是自主招生政策。2003年，教育部开始推行自主招生。为了慎重，自主招生录取人数控制在试点学校本年度招生计划的5%以内。教育部希望通过这种国际上通用的做法，推动逐步形成分类考试、综合评价、多元录取的高校考试招生制度，积极引导素质教育深入实施。通过以面试为主的方式，对考生学科特长、创新潜质、素质和能力进行考查，选拔具有学科特长和创新潜质的人才。

但是这一方案一开始就备受质疑，道理很简单，在目前的情况下，老百姓如何能相信中学推荐的一定是最优秀的毕业生呢？如何能相信大学的招生人员一定会公平客观地选拔学生呢？我们有什么健全的监督制度可以很好地监督自主招生呢？

好在有资格自主招生的学校并不多，招生比例也不高，由于家长和媒体的眼睛都睁得很大，所以还没有因此而发现大范围的腐败。

前面我们已经讨论过，到目前为止，高校还拿不出什么更科学的方法可以考查出学生的"创新潜质、素质和能力"，在实际招生中，依然是看重学生的学习成绩，"唯分数论"的评价体系依然如故。为了招收到最优秀的学生，高校利用自主招生的政策，展开了激烈的提前"掐尖"大战，甚至互相攻击、拆台。

自主招生对于学生来说，也算是多了一个被录取的机会，于是很多家长花大价钱送孩子参加各种辅导班，以应对招生高校的笔试和面试，花费了过多的精力，占用了过多的时间，影响了正常的学习。

一些有推荐资格的中学，往往将二等优秀生推荐给高校，那些有把握考取名校的最优秀的学生并没有被推荐上去，为的就是确保甚至增加本校的"名校录取率"。

原本用于改革、修补、完善高考制度的方案，虽然的确是很好的方案，但是就这样在实践中走样了。可惜，但是无奈。

在我们这儿，高考不仅要为国家选拔人才，还承担着提供给社会底层群体提供向上流动的机会，在社会个体存在着经济条件、身份地位等方面的巨大差距的情况下，高考是阶层流动的重要通道，让底层的精英有可能往上流动，让知识能够改变命运。自主招生权的开放引起了反对声，与其说来自上面，不如说来自下面，因为中国的一个突出问题是社会信用尚不健全，权力和人情易于干扰规章制度，几乎所有不能公开量化的选拔标准都无法得到大家的认可。因此，这个考试必须是公平的，刚性的，而且越刚性越好。所以，目前的高考模式，尽管问题很多，但相比较而言，这样的模式还是最公平的，腐败也是最少的，**要想克服它的弊端，首先得克服社会的弊端，否则一切无从谈起。**

8. "跟不上趟" 的贫家子女。

当城市里的孩子、家境较殷实的孩子提早奔跑，把几乎所有的时间都花在学习上时，当这些家长把很多的精力和金钱都投入到孩子的学习上时，贫家子女，特别是农村的贫家子女，就明显"跟不上趟"了。

学习需要时间，在偏远的山区农村，很多孩子住家离学校很远，路也不好走，上学放学都要花掉很多的时间，有不少孩子回家还要帮助大人做一些家务和农活。

学习也需要金钱，设在农村的中小学校，无论是校舍、设备还是师资，与现今城市里的普通学校相比都差得很远，更别说和重点学校相比了。农村也没有什么培训班、兴趣班，即使有一些，那质量也很难保证，例如奥数班吧，对老师的要求也是很高的，没有好的待遇，谁会去那儿的培训班任教呢？再说了，校外的培训班都是要收较高的费用的，绝大多数农村的孩子也上不起。农村贫家子弟的父母及爷爷奶奶往往没有太高的文化，没有能力辅导孩子的学习。

社会在不断向前发展，很多新鲜事物不断涌现，但要想了解新鲜的东西，需要花钱。家庭清贫的学生家里，除了课本外，连课外书籍都很少，他们的知识面怎么可以和城市里的孩子相比呢？

在这样的环境下，除了极个别绝顶聪明的孩子外，绝大多数孩子都不可能取得很好的学习成绩。在与城市孩子的竞争中，他们明显处于劣势。

保送、加分、自主招生等高考补充政策也没有给贫家子女带来福音，2010 年北京大学颁布的自主招生新政"校长推荐制"学校名单中，没有一所高中在农村地区，通过自主招生进入大学的农村考生人数远低于城市考生。

在社会的贫富差距很大的时候，高考似乎增加了一种新功能，成为一部巨大的"淘汰机"，一个连高考都过不去的学生，如果没有一定的背景，没有其他过人的长项，就会很快被抛入社会下层。

大部分贫家子女都过不了高考这道坎，即使过了高考这道坎的优秀贫家子弟，除了极少数勤奋好学且极有天分的能考进著名大学外，其他基本上也就只能考进二流以下的大学或者大专。对于一个农村的贫家孩子来说，能考进二流以下的大学或者大专就非常不容易了，在他们村子里已经是最优秀的孩子了。他承载着全村人改变命运的梦想，怀揣着父母从亲友邻居那儿凑来的上大学的钱，满怀希望和荣耀进了大学，可是毕业后却发现，工作非常不好找，即使找到，薪酬也不多，养活自己都有困难，别说赡养父母资助弟妹了。他们还欠着亲友邻居的钱，更背负了亲友邻居的还不完的人情。

他们是被过度的竞争、不公平的竞争淘汰，被边缘化的一个群体，他们的境遇明白无误地告诉后来的孩子，读书无用！靠读书改变命运已经越来越不可能了，这反映的其实是社会下层往上流动的通道被渐渐堵塞了。

于是，很多贫家子女干脆高中都不上，满 16 岁直接去打工。

9. 被突破的道德底线。

老师和医生历来是社会的底线，如果他们的道德开始变坏了，准确些说，如果老师和医生中的一些人开始变坏了，而且不是极个别，变坏的人渐渐增多，那就是很值得全社会深思了。

学生的竞争越来越激烈，对分数的追逐越来越疯狂，有的老师看到了其中的"商机"。如果说，老师在业余时间到社会上的培训班给校外的学生进行培训，收取报酬，还不能说有什么不对，但是，利用业余时间给自己所教班级的学习落后生补课并收取报酬，就临近师德的底线了。以前，这样的补课都是在每天的下午，学生们课外活动的时候，或是大部分学生放学以后进行的，没有任何额外报酬，现在，学生的作业太多，每门学科的老师都在抢学生的时间，已经没有时间在校内给落后生补课了，实在要补课就只能是利用老师的业余时间。我们不能对老师要求过高，没有理由要求老师必须牺牲业余时间，因此，这样的补课收费，只能说是接近师德底线，还没有突破底线。

　　但是，现在有一些老师是这样抓住"商机"的：他们将原本应该在课堂上教完的内容"截留"一部分，然后暗示甚至明示自己的学生到自己家里去"补课"，或者到自己任教的社会培训班"补课"，收取不菲的"补课费"。这样的现象并不鲜见，这样的行为完全突破了师德底线。

　　同样突破底线的，还有老师收受学生家长的钱物，谁给钱，就对谁好一点，多关照一点，这还是老师吗？

　　家长的择校给名校的校长带来了很大的利益，择校费、共建费管理存在很大的漏洞，由此产生的腐败案件屡屡发生。一校之长如此，大概也难怪老师不向钱看了。

　　高考几乎关系到一个人的一生，在贫富差距如此大的背景下，一些家长向老师和校长行贿，以求得到额外的照顾；或弄虚作假，给孩子弄来三好生、优秀班干部证书，文体特长生证书；或把孩子"移民"到录取分数线低的省份去，以增加录取的机会；或干脆盗用已录取学生的姓名，冒名顶替去上大学；再不就找枪手替考，花钱盗分。真是五花八门，无所不用其极。一些学生也铤而走险，直接在考试时作弊，每年高考结束，总会爆出一些作弊案件，表面上看，作弊的人是极少数，但要知道，这可是在严防死守，安检、监控、屏蔽电子信号等严密措施下发生的。

竞争几乎白热化，整个社会已经越来越难以容忍这样继续发展下去，教育改革的呼声越来越强烈。可是，通过分析我们看到，教育的很多问题并不仅仅在教育本身，而是在教育之外，教育之外的大背景没有改变，教育改革很难取得实质性进展。

大背景是什么？我们已经作了较为详细的分析，简单地说就是：社会在转型，贫富差距在加大，家长普遍恐慌，生怕自己的孩子落入社会的下层。落后的恐慌引发了激烈的竞争，孩子们被逼得狂奔。在现实的社会里，权势和人情常常会干扰法规，我们暂时还无法做到客观公正全面地评价学生的综合素质，所以学生只能在唯一的"分数跑道"上狂奔。择校、生源大战、教育资源越来越不平衡、学生压力太大、学业负担过于沉重等等，都只是表面现象，上述的大背景才是根本原因。

了解了这个大背景，也许你就可以领悟出，为什么"中国是一个数学大国，但还不是数学强国"了。真正需要思考的是，应该怎样改变这样的背景。当然，这个话题已经超出本书要研讨的范围了。

八、给家长的几点建议

看完前面的内容，再听听我们的建议，
也许你会更理性一点。

最后，想对家长们说几句。

学生间的竞争过于激烈，这种现象短时间内无法改变。一部分条件比较好的家长，选择让孩子出国上学，逃离或叫避开这样恶性的竞争，但绝大多数的家长没有这个条件，他们的孩子还必须在这样的环境里打拼。那么，学不学奥数就是一个无法回避的问题。

笼统地问奥数该不该学，是没有意义的，就如同问体操该不该学一样。

奥数是课堂数学的扩展，奥数有很强的趣味性，通过对奥数题的讨论，可以增加学生学习数学的兴趣，奥数题都比较灵活，可以培养学生从多角度去分析问题，锻炼学生的思维能力。学好奥数，可以反过来促进对课堂数学的学习，加深对课堂数学的理解。这样好的知识，让自己的孩子去学学，有何不可呢？

奥数题有难有易，数学基础差的学生可以学学容易一些的奥数，让他们体验奥数的趣味和灵活带来的快乐，或许因此提高了他们对数学的兴趣也未可知。就像一个体质较弱的人，不要去练单双杠，适当做做广播体操，也能获得健身的作用。以后再看孩子的情况，是继续加深，还是适可而止。

对于难度较大的奥数，正如专家所说的，只适合少数对数学有浓厚兴趣且学有余力的学生，作为家长，不要盲目坚信自己的孩子绝顶聪明，就是那少数里的一员，不要逼孩子去攻克那些高难度的奥数题。

以上的意思就是，奥数是值得孩子学习的，但必须根据孩子的具体情况（兴趣、能力）安排难度合适的奥数。如果不是身处激烈的竞争环境，如果没有升学的巨大压力，明白了以上道理也就够了，有兴趣有能力就学，没兴趣没能力就算了，但现在的问题远没有这么简单。

重要的数学考试中都有几道难题，以增加区分度，考不出这些难题，你的孩子的数学成绩怎么可能高呢？择校的时候往往都要提供奥数的成绩，没有奥数成绩，你的孩子还能进一所好学校吗？能进重点班吗？解这类难题或奥数题是需要进行辅导，需要加以培训的，只有多学多做这些题目，才能加深理解，增加见识，提高熟练度，才有可能在考试时做出这类试题，取得好成绩。

数学成绩有多重要，前面我们已经讨论过，大家心里更是清清楚楚。在这样的现实下，你不把孩子送进奥数班，行吗？哪怕明知你的孩子对奥数不是那么有兴趣，明知他不是那5％的数学尖子生之一，也得送，至少不能让孩子在那95％里是排在末尾的吧？这个建议不是我们给你的，而是现实让你别无选择，如今众多的家长送孩子去培训班学奥数，甚至有不少数学教授的子女也在外面上奥数班，基本都是这样的原因。

不要和潮流对着干，如果你没有非凡的能力，和潮流对着干的结果一定是彻底的失败；但也不要完全被潮流裹挟，如果完全被潮流裹挟，而你的孩子又不能冒出头来（绝大多数都不可能冒头），那你的孩子就会迷失自我，或沉或浮全凭命运摆布了。家长的能力，家长的智慧，就在于你能否把握这个"度"，找到一个最适合你的孩子的"平衡点"。

还需要提醒的是：在全民奥数的大潮中，难免泥沙俱下。如果没有好的教材，不要去学，那些胡编乱造的、超标的、充满偏题怪题的教材根本就不是奥数，用那些教材就等于是吃假药；没有好的老师也不要去学，不是所有的数学老师都会教奥数，滥竽充数的老师，不说是充斥市场、比比皆是，至少也是混杂其间，尤其是一些三、四线城市里的某些奥数培训班，师资质量参差不齐，有很多所谓的奥数老师，不会给孩子们详细讲解思路与方法，而是列出几类问题，直接给出解题步骤，要求孩子们硬记，遇到同类问题照葫芦画瓢，让学生牢记"凡是遇到××类问题，就要用某某方法去解"，跟这样的老师学奥数，非但不能开拓思路，提高分析解题能力，相反是越学越糊涂，这样的老师严重误人子弟。

选什么样的教材，进什么样的培训班，这需要家长做一些社会调查。

教材的选择面较宽，新华书店里堆满了这一类书，一般来说，知名度信誉度较高的出版社出版的教材比较靠谱些，适当咨询一下用过奥数教材的老师以及学习过奥数的高年级学生，就能有个大致的判断。

社会上的奥数培训班很多，不过在你家附近的，估计也就那么几所，你不太可能把孩子送到很远的奥数班去学习，奥数班的口碑怎么样，也需要家长去走访。

最关键的是要了解你的孩子，不要以为是自己的孩子，就一定很了解他，他的数学成绩怎么样？对数学的兴趣有多大？在他的同学中，他的数学成绩偏上，偏中，还是偏下？你可能问过老师，老师最常说的话就是："您的孩子还是很聪明的，就是有点贪玩，上课不怎么用心听，做作业或考试有些粗心。"这话就看你怎么听，怎么想了。

如果你的孩子数学成绩中等（大多数孩子都是这一类），让他去学奥数是有必要的，其中的道理前面已经说了很多，不过不要轻易去攻那些高难度的奥数题目，如果他确实有这方面的天赋与爱好，学校会主动选拔他去学的，这事关学校的荣誉呢。

如果你的孩子连课堂上的数学也没学好，那就不要去学什么奥数了，你可能也要请家教，但那不是让他学奥数，而是要给他补习课堂数学；如果你的孩子原先的课堂数学学得还行，但学奥数以后感到力不从心，脑子转不过那些弯，你就得降低难度，或者叫停；如果你的孩子已经厌恶奥数了，就必须立即停止，再学下去就要适得其反了，学习是不能过于强求的。敢于承认自己的孩子在数学方面缺乏天赋，那是需要勇气的。奥数和体育、音乐、美术、棋类等所有"特长班"或补习班都一样，你把没有该项兴趣和特长的孩子弄去"强灌"就危险了。

　　总之，希望奥数带给学生们的不是挫败，而是终身受益的愉悦。

九、我们的选择
——代后记

二十多年前，我们也同样遇到"要不要学奥
数"的问题，我们有自己的选择，作为个案，提
供给家长朋友参考。

有朋友问过我："你作为一个家长，当初有没有遇到要不要让你的孩子学奥数的问题？你是怎么选择的？"

我儿子（葛颢）上小学的时候，奥数热的势头已经开始显现，但还远没有达到今天这样高热，在我们生活的四线城市里，那时还没有校外培训班，似乎不存在选择的问题。其实选择依然存在，只是有些选择因为是"顺其自然"，所以没有察觉。

由于是独生子女，我还是很在意对葛颢的培养的，不过从一开始，我就没有什么特别具体的培养计划，我不相信家长可以预先规划好孩子将来具体做什么，所以我尽可能让他自由发展。我只是总体上希望他平安健康地成长，有独立的人格个性，具备可以谋生的一技之长，能过上有尊严的生活。当然也不是没有一点具体要求，例如在他小学一年级的时候，我对他说："我不规定你哪一门课要考第几名，或者体育文艺要如何如何，不过你也不能什么都是一般化吧？你总得有一样很不错吧？比如说语文、数学、英语、唱歌、跳舞、踢毽子、跳绳、打乒乓球、下棋、打牌等等，甚至打架，只要其中有一样比较拔尖，我都会很高兴的。"

葛颢上小学二年级的时候，很多四年级以上的学生都热衷于学校或《小学生数学报》组织的数学竞赛，葛颢的一个表姐，常常会拿《小学生数学报》上的一些数学题来问我们，当时我是一个工厂里的技术人员，我妻子是一所小学的数学教师。那些题目新颖别致有趣，深深地吸引了我们，葛颢在一旁大概也受到感染，他说："我也要订数学报。"

儿子喜欢数学，那当然没得话说，进入三年级以后，我们订了数学报，一家三口常常聚在一起研究解答报纸上的趣味题。究竟是因为这类数学题激发了他的学习兴趣，还是因为他对数学有一定兴趣才愿意钻研这类数学题？这先后关系还真不好说，也难以分清，我看应该是互相促进，良性循环吧。总之他的数学成绩提升很快，记得在他四年级的时候，有一次数学老师在评讲数学考卷时这样表扬他（大意）："这次考试，班上得 100 分的同学比较多，但是葛颢只考了 99 分。不过你们别以为他就没你们好，这次考试不太难，如果题目难一点，你们就很难得 100 分了，但葛颢照样可以得 99 分。"这让我们得意了很久。

1992 年的暑假里，我们从电视报上看到中央电视台开办小学数学竞赛系列辅导讲座节目的预告，节目的对象正好是小学四五年级的学生，这是一个很好的机会，我希望葛颢通过这样的学习，能更深入了解数学，更加喜欢数学，也希望通过这样的训练，让他的解题思路更开阔，分析问题的方法更多样。所以每当节目开播，我们就一起坐在电视机前观看，一起分析讨论。

收看几期电视节目未必能有立竿见影的效果，但我们还是能感觉到，通过这样的讲座和讨论，他更"开窍"了，为此我还特意向我的一个好朋友推荐奥数，那朋友的儿子和我儿子同龄。

暑假结束，葛颢升入五年级，报名参加了学校举办的数学兴趣小组。很显然，兴趣小组里的学生要比其他学生学到更多的数学知识和解题方法。由于当时学校以及教育主管部门举办的数学竞赛比较多，数学兴趣小组的学生还担负着替班级替学校争光的任务，老师教得认真上心，学生学得积极主动。当时市面上的参考书很少，算是对葛颢的器重吧，兴趣小组的辅导老师将自己收集的为数不多的参考书借了两本给他，每天晚上做完作业，他就拿出参考书，将上面的习题挨着顺序做，做完一道就和书后面的答案核对一下，做错了就重做，直至做对，实在做不出来的，第二天去问老师，就这样在不太长的时间里将两本书上的题目都做完了。这时候，我和他妈妈已经基本没有能力辅导他了，我们做得最多的就是在一旁提醒："眼睛离远一点！""该睡觉了，明天再做吧！"

"功夫不负有心人"，在一次教育局举办的全市小学高年级数学竞赛上，葛颢获得了第一名，这大大提高了他的自信心，也许就从那儿开始吧，数学成了他的第一爱好。

进入初中以后，我们已经没有什么选择的余地，课程增加了，学习的负担更重了，学习成绩优秀的学生常常要被安排参加各种学科竞赛，赛前要参加培训，真的是很辛苦。由于在小学阶段数学基础比较扎实，葛颢在初中的学习没有遇到什么障碍，中考的时候，他以全市第一的综合成绩考进了市里最好的高中，并进了专为冲刺竞赛奖牌、冲刺名牌大学而设的实验班。

高中三年的拼搏无须细说，"一分耕耘一分收获"，高二的时候，他获得了全国物理竞赛江苏省一等奖，同时也就得到高考加 20 分的政策优惠。高中毕业，他以高分考进了北京大学数学科学学院。

看来我们当初的选择是正确的，学习奥数符合葛颢的爱好和能力，也确实起到了积极的作用。估计这也是广大家长所期望的。但是我们不得不承认，这种选择是有代价的，从葛颢上小学开始，学生的学业负担就普遍很重，学生在学校里的时间越来越长，老师布置作业也越来越多，虽然说葛颢基本算是"学有余力"的学生，花在学习上的时间（包括学奥数）总体上不比其他同学多，基本能保证睡眠，也能挤出一点时间看会儿电视，周末也能有一些娱乐活动，但从全面发展来看，他花在学习上的时间还是太多了，而这些时间原本是应该给他进行体育活动、劳动技能锻炼、参加一些社会实践以及多阅读一些课外书的。我们为这个问题纠结过，但是没有办法，我们没有力量与社会现实对抗。

我们的选择以及葛颢的奥数经历，无论收获与代价，都只是一个

"个案"，每个学生有各自不同的内外条件，有各不相同的成长道路，每个"个案"都不能代表全部，但每个"个案"都值得思考。

我们喜欢奥数，欣赏奥数的美，但是我们不赞成"全民奥数"，不赞成超重的学习负担。因为和奥数有感情，我们长期近距离感受和关注奥数热，因此写了这本书，正如葛颢在本书的自序中所说："希望我们的这本书，能够给家长一定的帮助，弄明白这其中的许多个为什么，能够理性地对待孩子学奥数；我们也希望这本书能给教育主管部门一个参考，找准病根，对症下药。"

葛云保（@六指老汉）

2016 年 4 月于北京

图书在版编目（CIP）数据

奥数，我的孩子要不要学？：写给困惑中的家长/
葛颢，葛云保著. —上海：华东师范大学出版社，2016
ISBN 978 - 7 - 5675 - 5945 - 5

Ⅰ.①奥… Ⅱ.①葛… ②葛… Ⅲ.①数学—儿童教
育—教育研究 Ⅳ.①O1

中国版本图书馆 CIP 数据核字（2016）第 304850 号

奥数，我的孩子要不要学？
——写给困惑中的家长

著　　者　葛　颢　葛云保
总 策 划　倪　明
责任编辑　孔令志
装帧设计　黄惠敏

出版发行　华东师范大学出版社
社　　址　上海市中山北路 3663 号　邮编 200062
网　　址　www. ecnupress. com. cn
电　　话　021 - 60821666　行政传真 021 - 62572105
客服电话　021 - 62865537　门市（邮购）电话 021 - 62869887
地　　址　上海市中山北路 3663 号华东师范大学校内先锋路口
网　　店　http://hdsdcbs. tmall. com /

印 刷 者　浙江省临安市曙光印务有限公司
开　　本　787×1092　16 开
印　　张　8
字　　数　92 千字
版　　次　2017 年 3 月第 1 版
印　　次　2017 年 3 月第 1 次
书　　号　ISBN 978 - 7 - 5675 - 5945 - 5/G · 9987
定　　价　20.00 元

出 版 人　王　焰

（如发现本版图书有印订质量问题，请寄回本社客服中心调换或电话 021 - 62865537 联系）